国家社科基金重点项目"绿色发展推动人与自然和谐共生现代化研究"（21AZD059）

浙江理工大学校级课题"绿色发展视野下的自然价值建构研究"

———————

浙江省习近平新时代中国特色社会主义思想研究中心浙江理工大学研究基地资助

绿色发展视野下的自然价值论

Natural
Axiology
from the

Perspective of
Green Development

张晓媚

著

ZHEJIANG UNIVERSITY PRESS
浙江大学出版社
·杭州·

图书在版编目(CIP)数据

绿色发展视野下的自然价值论 / 张晓媚著. —杭州：
浙江大学出版社，2023.5
ISBN 978-7-308-23553-2

Ⅰ. ①绿… Ⅱ. ①张… Ⅲ. ①自然界－价值(哲学)－
研究 Ⅳ. ①N02

中国国家版本馆 CIP 数据核字(2023)第 039145 号

绿色发展视野下的自然价值论

LÜSE FAZHAN SHIYE XIA DE ZIRANJIAZHILUN

张晓媚　著

策划编辑	吴伟伟
责任编辑	陈　翩
责任校对	丁沛岚
责任印制	范洪法
封面设计	米　兰
出版发行	浙江大学出版社
	（杭州市天目山路 148 号　邮政编码310007）
	（网址:http://www.zjupress.com）
排　　版	杭州晨特广告有限公司
印　　刷	杭州钱江彩色印务有限公司
开　　本	710mm×1000mm　1/16
印　　张	11.5
字　　数	165 千
版 印 次	2023 年 5 月第 1 版　2023 年 5 月第 1 次印刷
书　　号	ISBN 978-7-308-23553-2
定　　价	68.00 元

序

　　价值观是价值哲学思考的一个重要问题，它涉及人、自然、社会三者的关系。价值哲学已经从单纯的理论价值研究走向理论与实践结合的生活价值研究。历史表明，价值问题与人类所处的现实最为密切，它涵盖道德、政治、宗教、审美等领域，本书主要探讨有关自然价值的价值哲学。

　　自然价值既是一个较新的话题，也是一个非常古老的命题。自然价值最早蕴含在古希腊的有机自然观中，特别是柏拉图和亚里士多德的自然伦理中，在芝诺等人的斯多葛学派中也有体现；中国的庄子智慧、佛学思想中均体现了自然价值。但是笔者认为，随着价值哲学的演进发展，出现了主客体的对立的价值区分，造成许多人认为自然不能作为认识主体进行价值判断，因而不存在自然价值。在培根的科学知识与道德知识两分法的影响下，自然价值发生了一系列变化：自然的内在价值被忽略，自然价值逐渐被单一化为一种对人实用的自然工具价值。以上可以视为传统的自然价值论，其渊源可以追溯到培根和笛卡儿时代的价值观念的转变。然而，随着历史的不断发展，自然价值在新的有机论、自然主义者的观念、环境保护者的批判中逐步显现。西方价值哲学经历了"规范价值—元价值—规范与德性价值"的转变轨迹，自然价值从被传统元价值批判到被人们接受，存在一个过程，这个过程伴随着中国的绿色发展以及价值哲学转向而变得更加迅速。

　　绿色发展不仅是经济方式的变革，其本身还体现为一种价值选择。绿色发展的新视角体现了对价值主客二分的消解，体现了对人与自然和谐的整体论的把握。绿色发展作为最时新的哲学,它体现了现代价值哲学的两个转向,即生态转向、实践转向。绿色发展是追求生态整体主义的发展,绿色发展在中国是一种全新的实践。

一直以来,国内外学界关于自然价值的争论,主要围绕价值主体的合理性展开。笔者认为,这个争论最后会在价值观革命中消解。现实中更重要的问题是,如何将这种价值与存在哲学结合起来,构建出自己的价值体系。

本书的研究沿着两条脉络。一是历史的外在脉络,可以简述为自然价值思想史,从当代哲学发展、价值哲学发展的新变化中,把自然价值回归带入公众的视野。二是主体性问题和休谟问题。这是一条哲学思想的内在脉络。自然价值脱离传统的以人为中心基点的元价值哲学语境,在矛盾中、两种价值对抗冲突中寻找新路径,逐渐由主客二分走向整体论;结合休谟问题在当下哲学语境的消弭,自然价值问题在价值论上才有了重建的可能——自然价值的重新建构应基于即在存在论、认识论、价值论三个方面。自然价值的内部结构表现为"四重逻辑",即包含逻辑、辩证逻辑、引导逻辑、实践逻辑。与此同时,自然的多样性价值指引人类从物质享受向精神享受转变,与自然融为一体并追寻大自然的智慧;自然的审美价值则要求我们在乡村建设中注重城市文脉的传承;自然的科学价值要求我们避免追随农村工业化的脚步,留得住乡愁、守得住美景。

目　录

引　言

恩格斯说"任何哲学只不过是在思想上反映出来的时代内容"〔1〕,黑格尔说"哲学是思想中所把握到的时代"〔2〕,价值哲学也不例外。价值哲学总是映射了时代。在科学昌盛的时代,人们的价值观中充满了对人的关切,然而面对现代性的危机——生态危机和人的危机,我们对价值问题的关切角度开始发生变化。自然价值问题实质上是一个较新的话题,又是一个特别古老的话题。说它古老,是因为过去我们虽然不谈自然价值,但是对自然价值的理解蕴含在哲学家的自然观中,体现在对自然的态度中。

自然价值作为一个问题由来已久,主要集中在主体性问题和休谟问题这两个议题上。

早在启蒙运动时期,主体性问题就初见端倪。理性、科学被认为是对抗经院哲学传统社会的利器,启蒙运动时代的哲学打破了经院哲学的藩篱,为科学时代奠定了方法论的基础,但它同时也将人类思维带领至另一个极端。这个极端表现在价值哲学领域,即一味地追求主体性价值。培根（Francis Bacon）和笛卡儿（René Déscartes）的哲学是时代基础,后面的哲学发展更加坐

---

〔1〕《马克思恩格斯全集》第41卷,人民出版社,1982年,第211页。

〔2〕黑格尔:《法哲学原理》,商务印书馆,1961年,第12页。

实了这个时代的主旋律。笛卡儿哲学导向马勒伯朗士（Nicolas de Malebranche）[1]的客观唯心主义，培根哲学渐变成为贝克莱（George Berkeley）的唯心主义。笛卡儿将世界分为物质世界和精神世界，哲学家斯宾诺莎（Baruch de Spinoza）进一步将该理论实体化，他认为只有一个实体或基质，不可能存在灵魂或自我这样的东西即具有情感和意志的精神实体。培根将知识与道德作了进一步区分，这一思想被后期的许多哲学家所传承——英国政治学家、哲学家洛克（John Locke）将哲学演化为关于知识的理论，德国数学家、哲学家莱布尼茨（Gottfried Wilhelm Leibniz）将伦理学认定为理性的科学，从中我们不难察觉到那些作为无意识的本能存在的道德原则。培根从经验中推导出关于对错的知识，不过他还没有忽视人的社会本能；霍布斯（Thomas Hobbes）和洛克认为，人类本性基本上是利己主义的，并使得道德成为一种开明的自利。洛克之后的英国道德学家把道德知识主要建立在情感或冲动之上而不是理性或对错的天赋知识之上。

按照笛卡儿和培根的哲学体系的发展和认识，既然价值是知识，那么不论是经验主义者还是理性主义者都承认知识是必然的，自明命题是存在的——直到休谟（David Home）提出了"是"与"应当"之间的连接难题。继而，哲学家对自然价值的研究从主体性困惑转向了一个新的领域——推演过程中的困惑，也即我们所称的休谟问题。

休谟问题体现在从"是"到"应当"的推导过程中。休谟认为无法从个别经验中推导出普遍真理，无法从事实世界推导出人类价值判断。休谟不承认理性心理学的存在，认为心灵就像一个剧院，多个知觉在那里逐个露面、出现、重复并在无限多的不同姿态和情境中混合，这个场景不应当误导我们对于必然性的认识。关于必然性，休谟认为就是理智从一事物向另一事物的推论。康德（Immanuel Kant）从认识论角度，将世界划分为可以从两个

---

〔1〕 马勒伯朗士：法国唯心主义哲学家，主要著作有《真理的探索》（共三部分，分别于1674年、1675年、1678年出版）、《基督教的会话》（1676）、《论道德》（1684）。他在伦理学上继承笛卡儿衣钵，把身心关系即自由与必然的关系作为基本问题。

尺度来认识的世界:客观世界和主观世界。康德据此探讨了此岸和彼岸的不同。客观世界依赖于物理学之后的形而上学,"此岸"的事情用"人类理性"解决,人类可以通过理性认识这个客观世界;"彼岸"的事情用"人类理性之外"解决,主观世界依赖于精神现象学,认识主观世界的方法是上帝精神和意志。阿多诺(Theodor W. Adorno)指出,当康德严格地在他的实践哲学表明了"是"与"应当"之间的鸿沟时,他被迫接受中介,但按这种方法,他的自由概念又变得自相矛盾了,因为自由被塞进了现象世界的因果性之中,这与康德的定义相悖。

到了近现代,有关自然价值的两个议题有了新的背景变化。

首先,19 世纪 60 年代起,西方开始了对自然保护的自发反思,并从动物权利的视角对价值和伦理展开新探讨。环境伦理学也因此开始发声。笛卡儿倡导的主体性价值在价值理论界有了不同的声音。边沁(Jeremy Bentham)在《道德与立法原则》中指出,在判断人的行为对错的时候,必须把动物的苦乐也考虑进去。英国仁慈主义者索尔特(Henry Selt)发展了"仁爱为人的本性"的观点,指出动物的解放将取决于人类的道德潜能的彻底发挥,"我们真正的文明,我们民族的进步,我们的人性都与道德的这种发展有关"[1]。他也因此成为辛格(Peter Singer)和里根(Tom Regan)的思想奠基人。史怀泽(Albert Schweitzer)在《文明的哲学:文化与伦理学》与《敬畏生命》中提出了"尊重生命的伦理学",认为崇拜生命应当成为伦理的核心和基本原则,人类与自然的准则以及善的观念中的重要内容应当包括保护、完善和发展生命。缪尔(John Muir)辩证地批判了宗教文明,认为人类文明影响了人们对自然价值的认知:"文明,特别是以二元论的方式把人与自然割裂开来的基督教文明,对这一真理却茫然无知。"[2]卡逊(Rachel

---

〔1〕 德里克·弗雷泽·纳什:《大自然的权利:环境伦理学史》,杨通进译,青岛出版社,2005年,第 31 页。

〔2〕 德里克·弗雷泽·纳什:《大自然的权利:环境伦理学史》,杨通进译,青岛出版社,2005年,第 44 页。

Carson)对化学物品之危害的揭露使得生态伦理适时地登上历史舞台并进入公众视野。

其次,近代研究中许多学者所提出的新理论暗示了既有传统价值观已难以为继。马尔萨斯(Thomas Robert Malthus)从人口增长角度对将人的欲望无限膨胀的资本主义机械观进行了反驳,他在《人口论》中写道:"人类把原材料变为商品的能力以及他们对物质的欲望,要远远超越地球能够提供给人类所需粮食的能力。"[1]怀特海(Alfred North Whitehead)提出了实体价值与周围整体环境的有机联系。怀特海说:"当一个实体在它的界限,即在其中才能发现自己的更大整体之内整合起来时,它才是它自身,反之,也只有在它的所有界面都能与它的环境,即在其中发现自己的同一个整体相适应的时候,它才是其自身。"[2]拉兹洛(Ervin Laszlo)把价值定义为:"由包含在系统内的程序明确规定并通过同环境的规范相互作用而实现的系统的状态。"因此,他把规范价值视为"人类与其生物环境和文化环境保持适应状态的相互关系"[3]。

于是,在解决自然价值的两个理论难题上也有了新的理论突破。

黑格尔试图对认识论上的主客二分进行弥合,他对有机论心怀希望,但这个希望没有上升到整体思辨的认识层面,仅仅为他的绝对精神服务。黑格尔指出,只有发展到有机领域才出现了具体的总体,出现了能够自我保持、自我组织和自我繁衍的有机生命,这种自为存在着的总体或形态以自身为目的,征服了自己内部的和自己周围的各个环节,把它们降低为手段,于是那种自己规定自己的概念或在生命里找到了自己。马克思超越了黑格尔,但是并不赞同黑格尔解决问题的思路,认为主客二分的矛盾需要在实践中解决。海德格尔(Martin Heidegger)在《存在与时间》中也告别了主体性。海德格尔指出,尽管笛卡儿有极大的抱负,但他没有探寻其论点的基本

〔1〕 马尔萨斯:《人口论》,郭大力译,北京大学出版社,2008年。
〔2〕 叶平:《非人类中心主义的生态伦理》,《国外社会科学》1995年第2期。
〔3〕 钱兆华:《评拉兹洛系统哲学的价值论思想》,《辽宁大学学报》1997年第2期。

原则事实的基础：他把自我解释为思维实体，通过"我思故我在"的原则，笛卡儿宣称他正在把哲学推置于一个崭新而可靠的根基之上。海德格尔将人的问题放在人的存在现状中讨论，换言之，他带领人类的思维进入一个新的领域：任何问题，不是问它是什么以及怎么样去认识，而是要探讨这个问题对人的意义。如此，哲学思维就跳出了认识论的二分困境，逐渐走向价值论和实践论的范畴。德国哲学家舍勒（Max Scheler）提出了创建价值论伦理学的设想，目的是进行"价值的颠覆"。美国实用主义〔1〕哲学家杜威（John Dewey）对传统的人的价值哲学进行了批判，通过因果与事实的关系来解决休谟问题。杜威指出："价值本身表现的是明显的经验事实，人类对这个价值事实基础上进行的'好''坏'的评价实际上是将个体与世界割裂开来，使人的认识成为'例外的哲学陈述'。"〔2〕而在德国，浪漫派诗人和自然哲学家如费希特（Johann Gottlieb Fichte）、谢林（Friedrich Schelling）、歌德（Johann Wolfgang von Goethe）等曾试图营造一种新的自然观。歌德认为，自然是一个成长着的、有创造性的、尚不完美的结构，一个不断进行的生命力的苦心创造。在美国 19 世纪的超验主义文学运动中，爱默生（Ralph Waldo Emerson）、梭罗（Henry David Thoreau）倡导回归自然的生活，主张一种简朴的哲学思维，这些都包含了对自然价值问题的思考。

在西方，自然价值的研究基础——环境伦理学被分为两大阵营。一是以诺顿（Baryan G. Norton）、默迪（William H. Mudy）为首的人类中心主义伦理。二是阿尔贝特·史怀泽（Albert Schweitzer）、保罗·泰勒（Paul Taylor）主张的非人类中心主义。人类中心主义经历了由"强式"向"弱式"

---

〔1〕　实用主义：西方哲学流派，19 世纪 70 年代产生于美国，创始人为美国哲学家皮尔士（Charles Sanders Peirce）和詹姆斯（William James）。主要代表有美国的杜威、米德（George Herbert Mead）、刘易斯（Clarence Erving Lewis）、莫里斯（Charles William Morris），英国的席勒（Ferdinand Canning Scott Schiller），意大利的瓦拉蒂（Giovanni Vailati）等。实用主义继承休谟、康德及实证主义、马赫主义的经验主义传统，从反对思辨形而上学和心物分裂的二元论的基本前提出发，批判以往唯物主义和理性派唯心主义在经验之外寻求绝对的物质或精神实体和客观的或先天的必然性、绝对原则的企图，认为哲学的范围只能是人的经验所及的世界，即人化的世界。

〔2〕　杜威：《经验与自然》，傅统先译，江苏教育出版社，2005 年。

的转变,即由"一切价值仅以个人感性意愿为满足的标准"向"一切价值以理性意愿为满足的标准"转变;人类中心主义是传统的价值观,它的主要价值评价标准还是人的价值需要,价值论以需求论为导向。非人类中心主义则直接肯定自然界的内在价值和存在权利,其代表性的观点主要有动物解放论、动物权利论、生物中心主义、生态中心主义、深层生态学以及生态女性主义等。〔1〕

在西方,自20世纪30年代起,一些学者转向自然价值的问题研究。美国著名的生态伦理学先驱利奥波德(Aldo Leopold)在《沙乡年鉴》一书中提出"大地伦理学",他所主张的土地伦理扩大了价值的主体边界,重新界定了价值伦理中的共同体概念。他指出,"当一件事情有助于保护生命共同体的和谐、稳定和美丽的时候,它就是正确的;当它走向反面时,就是错误的"〔2〕。"于是,克里考特称利奥波德为现代环境伦理学之父或开路先锋。"〔3〕美国学者罗尔斯顿(Holmes Rolston)将人类价值与自然价值并列,认为不仅人有内在价值,自然也有内在价值。罗尔斯顿总结了自然的十类价值,其中最为重要的是科学价值、审美价值、宗教象征价值、生物多样性价值等内在价值。挪威环境哲学家奈斯(Arne Naess)深度追问当代生态环境危机的社会文化根源,建构了整体主义深层生态学。

国内对自然价值问题的研究随着生态文明的提出也取得了实质性的进展。首先,20世纪七八十年代开始,部分学者围绕环境哲学和环境伦理学,译介了相关理论著作。1895年严复翻译的文言文版的赫胥黎的《进化论与伦理学》于1971年被重新翻译为白话文,为时代思想留下了印记。吉林人民出版社于2000年集中出版了一批重要译著,其中既有在西方价值哲学思潮中涌现的经典著作,也有我国哲学大家的译作。如:侯文蕙译介的利奥波

---

〔1〕 薛勇民:《环境伦理学的后现代诠释》,山西大学博士学位论文,2004年。

〔2〕 奥尔多·利奥波德:《沙乡年鉴》,侯文蕙译,吉林人民出版社,1968年,第57页。

〔3〕 德里克·弗雷泽·纳什:《大自然的权利:环境伦理学史》,杨通进译,青岛出版社,2005年,第73页。

德的《沙乡年鉴》,该书被认为是西方的"绿色圣经";刘耳、叶平译介的罗尔斯顿的《哲学走向荒野》,该书被称为"实践中的环境哲学";吴国盛等译介的麦茜特(Carolyn Merchant)的《自然之死——妇女、生态和科学革命》;郭名倞译介的缪尔(John Muir)的《我们的国家公园》。麦克基本(Bill Mckibben)的《自然的终结》、康芒纳(Barry Commoner)的《封闭的循环——自然、人和技术》、杜宁(Alan Durning)的《多少算够——消费社会与地球未来》、史怀泽的《敬畏生命》、纳什(Roderick FrazierNash)的《大自然的权利:环境伦理学史》等也于20世纪七八十年代被陆续介绍到国内,引起了学界的广泛关注。一些学者在引进西方绿色理论的同时阐发了自己的观点。如叶平提出人与自然协同进化的生态伦理观点,以及基于生态伦理的环境科学理论和实践观念等[1];欧力同在译介施密特(Alfred Schmidt)《马克思的自然概念》的基础上指出,西方马克思主义者强调马克思的实践观点、自然的人化的观点[2]。国内学者的环境哲学著作也竞相问世,任俊华、刘晓华在《环境伦理的文化阐释——中国古代生态智慧探考》一书中对中国古代智慧中的生态思想做了系统的阐述,涵盖了《周易》《墨子》《管子》《黄帝内经》等中国智慧的传承经典,也涵盖了儒释道的中国哲学,以及中国传统蒙学和诗学[3];余谋昌的《环境哲学:生态文明的理论基础》一书强调将道德哲学向人与自然的关系视角转变,并积极地从东方传统哲学及儒释道的智慧中寻找新的哲学范式[4]。也有学者从新的角度看待生态哲学,如袁鼎生从美学角度探讨生态哲学问题,他在出版于2007年的《生态艺术哲学》一书中提出了与以往美学不同的生态美学[5]。国内有关价值哲学的探讨中涌现出一批优秀的博士学位论文:孙伟平的《事实与价值——休谟问题及其解决尝试》探讨了事实与价值推导中的休谟问题及自然主义谬误等,得出

〔1〕　叶平:《非人类中心主义的生态伦理》,《国外社会科学》1995年第2期。

〔2〕　弗雷德·施密特:《马克思的自然概念》,欧力同译,商务印书馆,1988年。

〔3〕　任俊华、刘晓华:《环境伦理的文化阐释》,湖南师范大学出版社,2002年。

〔4〕　余谋昌:《环境哲学:生态文明的理论基础》,中国环境科学出版社,2010年。

〔5〕　袁鼎生:《生态艺术哲学》,商务印书馆,2007年。

"事实与价值的统一是一个过程"的结论[1];朱新福的《美国生态文学研究》从文艺批评的视角探讨生态学大师的思想[2]。这些学术成果从不同视角或领域介绍了与自然价值相关的社会学和伦理学,具有启发性。

关于自然价值存在的问题,国内学者也进行了深刻的探讨。部分学者在看待环境伦理学中的人类中心主义与非人类中心主义的对立时,主张将两种理论进行弥合。曹孟勤主张新的人性观,即在确立人对生态环境的道德责任时重视人性的依据,在构建生态伦理时要求在人与自然的关系中寻求人性,把关爱自然的伦理准则看作人性的展现。[3] 丁立群提出,生态危机的根本原因不在于人类中心论这一观念本身,而在于社会和文化的内部张力。[4] 生态危机是社会文化的危机。朱楠认为,关于自然内在价值的争论,人类中心主义与自然中心主义从表面上看讨论的是不同的问题,观念也截然相反,但如果深层次追问,则不难发现二者都是围绕人类生存这个根本问题展开的,在现实的实践活动中,二者是可以相互融合的。[5] 张德昭从价值与事实统一的视角,试图从实践层面将二者弥合。也有学者认为二者争议的核心问题忽略了二者不同的理论背景。"被人类中心主义所批评的环境伦理是在人作为一个物种或类存在的概念时与自然或其他生物种所构成的系统中所讲的事情,而人类中心主义所给出的反对理由却是建立在由人所构成的社会系统这个前提下的,因此,我们可以轻而易举地立刻看出,这是两个根本不同的系统背景。"[6]但是从整体上看,国内学者对于建构自然价值体系还没有做过深入探讨,对于自然价值研究以及基础价值理

〔1〕 孙伟平:《事实与价值——休谟问题及其解决尝试》,中国人民大学博士学位论文,1996 年。

〔2〕 朱新福:《美国生态文学研究》,苏州大学博士学位论文,2005 年。

〔3〕 曹孟勤:《超越人类中心主义和非人类中心主义》,《学术月刊》2003 年第 6 期。

〔4〕 丁立群:《人类中心论与生态危机的实质》,《哲学研究》1997 年第 11 期。

〔5〕 朱楠:《自然内在价值理论的两个争论及其现实意义》,《辽宁行政学院学报》2007 年第 4 期。

〔6〕 陈锡斌:《环境伦理学关于"人类中心主义"问题研究综述》,《沈阳师范大学学报(社会科学版)》2007 年第 5 期。

论的哲学探讨缺乏全面而深刻的分析,对于自然价值存在的问题的剖析还停留在认识论的争辩层面。

可见,自然价值研究要走出理论的困境,需要进一步超越认识论,建立新的价值认知结构,构建属于自然价值的价值体系。价值哲学中隐藏着整体论与实践论转向,近年来这个规律在国内外学术界逐渐得到认可,而其中的关键在于建构自然价值体系,指引人类的实践。

第一章

传统价值观下的自然价值现状

这里所说的"传统",不是单纯的时间意义上的传统,而是传统的话语体系中折射出的思维上的传统。那么,传统价值观的存在论和认识论是什么样的形态?在它影响下的自然价值又表现出什么样的形态?在讨论自然价值问题时,有两个问题是肯定会被提及的,即主体性问题和休谟问题。休谟问题是哲学上的争论,也是伦理学中的争论,特别是涉及自然观时。主体性问题、客观性问题更是价值伦理领域一直存在的难题。

　　自然,在传统的伦理学讨论范畴中,不被认为是可以讨论的主体,因而自然价值的概念是模糊的,即自然是否具有"价值"是不确定的。

第一节　传统价值观下自然价值的存在论现状

我们讨论价值问题，一般从三个维度进行把握。①存在论维度：这个问题是如何得来的，即如何存在的。②认识论维度：人们在思维上对这个问题的把握如何。③价值论维度：这个问题的核心思想是怎样的。价值存在论涵盖了价值的基本要素、价值存在的种类。传统的价值要素指的是主体、客体、评价尺度。

一、传统价值观下自然价值的存在基础

我们经常察觉到人对价值的定义建立在自己主观认识的基础之上，而在主观状态下，灰色地带很难定义。我们定义自然存在与定义自然价值时就是这样。我们善于在清楚描述自然价值的事例和引发异议的边缘性事例之间进行区分，却忽略了词句使用上的标准模型或者典范和成为问题的事例之间的差异只是程度的问题。例如，一个头上没有一缕头发的人显然是一个秃头，另外一个发髻蓬乱的人显然不是一个秃头，但是第三个人，只是有稀疏的头发，那么他到底算不算秃头？这个问题或许就会无休止地争论下去。有时候，对标准模型的"偏离并非仅仅是程度的问题，而是发生于标准模型事实上是由通常相互伴随而又各具特质的要素结合而成时，当缺乏其中某个或某些要素，可能会引发异议"[1]。月亮是"星球"吗？如果没有

---

[1]　郑慧子：《环境伦理与"自然主义谬误"问题》，《河南大学学报（社会科学版）》2009 年第 6 期。

"炮",象棋还能叫象棋吗?这样的问题可能是引人深思的,因为人们不得不去思考和弄清楚标准模型的构成要件。自然价值也是一样,界定概念本身已经包含了既有的思维模式。

(一)传统价值观下自然价值的主体

那么传统意义上的价值究竟是怎样体现为一种主观认识的呢?

传统的有关"价值"的定义是:"价值是对主客体相互关系的一种主体性描述,它代表着客体主体化过程的性质和程度,即客体的存在、属性和合乎规律的变化与主体尺度相一致、相符合或相接近的性质和程度。"[1]价值关系和价值的概念,是对主客体之间特定关系内容的概括:价值关系,是一种以主体尺度为尺度的主客体关系;价值,则是指这种关系所特有的质态,即客体对主体的意义。[2]

"是"与"应当"问题,或者说"事实"与"价值"问题最后为何变成了主体性问题?因为做出"应当"的价值判断建立在对"人"所能"描述"的"事实"的"构成条件"的基础之上。

我们反观"价值是什么"时会发现,传统价值观对价值的定义已经将主体限制到人,价值体现的是客体对主体的积极作用。以这一认识为基础的一派,其观点与人类中心主义伦理学的观点一致,且盛行于当下。

人类中心主义的生态伦理学在价值论层面还停留在人是价值主体的视角,如果进一步分析,可以分为两类:①机械观传统下人是自然的控制者;②生态危机面前人以自然的管理者角色出现。前者是激进的人类中心主义,后者是温和的人本主义。

温和的人本主义是传统自然价值探讨的核心观点。温和的人本主义认为,人是大自然的管理者,人对环境责任的担当来自对代际利益与人类命运的关心。这里的逻辑是:人是出于保护自己而保护自然。保护自己是第一

---

〔1〕 李德顺:《价值论——一种主体性的研究》,中国人民大学出版社,1987年,第5页。
〔2〕 李德顺:《价值论——一种主体性的研究》,中国人民大学出版社,1987年,第53页。

位的,"人对自然做了什么,通过环境后果就等于对自己做了什么"〔1〕。

(二)传统价值观下自然价值的评价尺度

传统价值观以人的尺度评价一个事物是否具有价值,即人是价值的唯一主体,自然不能作为价值的主体。在传统价值观中,自然被定义为客体,自然客体是服务于主体需求而存在的。在传统价值观指导下的实践中,客体的存在、属性和合乎规律的变化,是否具有与主体生存和发展相一致、相符合或相接近的意义,依主体尺度不同而区别为不同的性质,"对主体的生存发展具有肯定的作用,或能够按照主体尺度满足主体需要,即为正价值,反之则是负价值"〔2〕。

马克思对价值论的尺度加以拓展,即从人的需求拓展为人的实践。马克思将衡量价值的两个尺度统一于人类劳动,即人类实践。在劳动这个具体的对象化活动中,人类按照两个尺度来活动。这是人类的根本特征,这两个尺度就成为主体的尺度和客体的尺度。两个尺度是统一的,统一于人以及人的主体性活动。马克思的基本立场是不把主体和人看作一个抽象的主观存在,而是始终把人看作物质的、自然的、社会的、历史的现实性存在,也就是强调人、主体社会存在的客观性。〔3〕从人的需要和尺度的客观性来看,价值可以理解为一种客观的相互作用的过程及结果。

二、传统价值观下自然价值的类型

传统价值的划分以人的价值为中心,主要包括目的价值和手段价值、物质价值和精神价值等。

传统自然价值是自然相对于人而显现的工具价值。自然的工具价值就

---

〔1〕　刘湘溶:《论自然的价值》,《求索》1990 年第 4 期。
〔2〕　李德顺:《价值论——一种主体性的研究》,中国人民大学出版社,1987 年,第 55 页。
〔3〕　李德顺:《价值论——一种主体性的研究》,中国人民大学出版社,1987 年,第 71 页。

是自然能够满足人的需要、能被人使用的价值。"价值一词所标明的是客体本身具有的某种属性或功能,这种属性或功能能够对主体产生一定的作用。"[1]自然价值是自然之物有用性的体现和发挥,是在人与自然主客体之间相互作用时产生的。[2]这也是人类中心主义即传统自然观的观点。

三、价值存在论的理论困扰:客观性问题

价值究竟是主观的还是客观的?这也是学界历来争论的焦点问题。有人认为,"价值只是在人们的评价中才产生和存在,而评价归根到底又似乎只是人的主观欲望、兴趣、情感、态度、意志等的自我表露"[3],所以价值是一个纯粹的主观现象。持相反观点的人认为,客观性意味着价值来自客体本身的存在和属性,价值完全属于对象自身所具有的内在成分或要素,唯此才能确证某一价值是真实和客观的,并非一种主观的意见或幻觉。[4]

自然价值究竟是主观的还是客观的?这个争议仍然建立在"价值究竟是主观的还是客观的"这个基本争议的基础之上,同时还包含了一个不容忽视的事实:自然是一种客体存在。自然是不能替代人作为认识的主体的,但它可以称为价值的主体吗?

在马克思看来,价值本身也是主观的。马克思指出,有些人曾经认为,价值这个词表示物的一种属性,的确,价值最初无非表示物对于人的使用价值,表示物对人有用或者使人愉悦等属性。但是,这不过是物被赋予了价值,也就是说,人将本来不属于物的东西看成了物本身所固有的东西。人们实际上首先是占有外界物作为满足自己本身需要的资料,如此等等;然后人们也在语言上把它们叫作满足自己需要的资料,使人们得到满足的物。这

---

〔1〕 刘湘溶:《论自然的价值》,《求索》1990年第4期。
〔2〕 曹山河:《论自然价值规律》,《求索》1994年第6期。
〔3〕 李德顺:《价值论——一种主体性的研究》,中国人民大学出版社,1987年,第69页。
〔4〕 李德顺:《价值论——一种主体性的研究》,中国人民大学出版社,1987年,第69页。

种语言上的表述造成了一种假象:"它们赋予物以有用的性质,好像这种有用性是物本身所固有的,虽然羊未必想得到,它的有用性之一,是作为人的食物。"〔1〕这种说法形象地揭示了将价值与客体属性等同起来的思维和表达习惯的荒谬性。

---

〔1〕 陶源:《价值主体性视域中的社会主义核心价值观及践行路径研究》,东华大学硕士学位论文,2014 年。

第二节　传统价值观下自然价值的认识论现状

　　传统的价值认识论,首先是建立在价值存在论基础之上的,即默认人为价值主体;其次,传统的价值认识论主要从价值意识、价值心理、价值观念、价值标准和社会评价等方面探讨价值认识问题。人的价值意识中包含了人类的思考,如态度、欲望、兴趣、情感、动机、意志等。

　　狭义的自然价值指的是自然的内在价值,其概念由美国学者罗尔斯顿提出。自然的内在价值,其本质在于存在性价值。[1]

　　面对自然中心主义(环境伦理学)提出的自然价值观点,人类中心主义主要的辩驳论点是:第一,承认自然的内在价值,将存在等同于价值,犯了混淆事实与价值的错误;第二,将自然确定为主体,犯了混淆主体的错误;第三,承认自然的内在价值,犯了混淆了人与自然的界限的错误。

　　其实,不论是人类中心主义主张的自然具有工具价值,还是自然中心主义主张的自然具有内在价值,都忽略了我们为什么要回答"什么是自然价值"这个问题。两种观点都站在独断的信念上开始分析,这两种信念正是下文要涉及的价值观。

---

〔1〕　赵玲、王现伟:《关于自然内在价值的现象学思考与批判》,《社会科学战线》2012年第11期。

一、传统价值观下自然价值主体的合法性问题

（一）一种反传统的新观点：自然中心主义

1. 重新定义自然价值，凸显自然的内在价值

自然中心主义主张通过自然的概念认识自然价值，也即，先定义自然这个词有什么含义，再列举自然具有哪些价值。"自然的含义是指作为一切生物类别存在条件的由动植物之间、有机物与无机物之间、地球与其他星球之间经过漫长的地质演化与物质进化自然形成的动态平衡系统。它是一种物质性的客观存在，但不能仅仅归结为物质存在，而是充满生命活力的有机整体。"[1] 价值是一种关系，自然价值关系具有联结的普遍性与层次性、实现方式的多样性、性质的双重性。

2. 反思主体问题

自然中心主义主张先反思人类现在已经存在的价值规律，再认识自然价值。生态整体主义认为，这种先讨论价值概念的方法仍然拘囿于主客二分的思维，形成了无谓的争论；自然维持着多元价值的平衡与共存，各要素之间的价值没有绝对的高低优劣之分，只是在特定的境域下，某些价值会凸显。

以自然价值为核心的自然中心主义是人类对传统价值观进行深度反思的一个成果。它是一种超越传统工具理性而重新建立的认识框架，并从本体上对自然进行价值的重构。这是因为，自然中心主义蕴含着生态整体主义的立场，而只有在生态整体主义的视野下，人们对自然的认识才能突破那

---

〔1〕 郇庆治：《自然价值诠释：环境伦理学的理论基础》，《齐鲁学刊》1996 年第 3 期。

种独断理性主义和消费主义的观念,建构起自然的本真价值。也正在这个意义上,自然价值论才是有意义的。

(二)传统价值观下人类中心主义的观点

人类中心主义认为:只有人才能成为价值的主体,人是衡量万物的尺度,自然只有满足人的需要才有价值。

1.价值必须是属人的

人类中心主义的价值观是人类在开发利用自然的过程中,随着历史发展逐渐形成的一种主导观念。"西方自然价值观念的主流导向是人类中心主义,经过古希腊自然思想、犹太—基督教传统和启蒙思想,这种人类中心主义自然观念由最初模糊地带有自然从属于人类的性质,到人类成为自然的代理统治者,最后形成了人类对自然根深蒂固的奴役统治。"[1]人们对于"自然"一词的理解,是人们对自然的最基本看法。

价值必须是属人的,离开人类谈价值,最终难免会将价值的裁定权交付于某种超验存在,从而导向神秘主义或神本主义。

2.价值主体和道德主体均为人

传统伦理学认为,道德的主体是人,也就是只有人才可以是道德的,才可以是最终目的。究其原因,无非是捍守"人的主体性地位不可动摇"的传统观念。传统伦理学主张,"只有人有意识,才有认识能力,自然是'无意识的'","人类实践行为的目的是为了人类自身的生存和发展,而不是为了实现自然规律。抛开人类利益,人类就没有实现外部自然规律的义务和责任"。[2]

---

[1] 赵闯、秦龙:《西方自然价值观念的历史流变与时代挑战》,《烟台大学学报(哲学社会科学版)》2014年第3期。

[2] 刘福森:《自然中心主义生态伦理观的理论困境》,《中国社会科学》1997年第3期。

基于这样的信念，传统伦理学指责自然中心主义的道德终点缺乏人文关怀，因为将"自然的完整、稳定和美丽作为道德行为的终极尺度和人类行为的终极目的"〔1〕，本身是不符合伦理学对道德的定义的。

3. 自然是没有价值的

人类中心主义认为，自然是没有价值的，对自然价值进行定义本身是错误的，是价值的泛化。李建珊指出，罗尔斯顿的自然内在价值概念是对价值概念的泛化，错误地把价值的客观性等同于价值本身。〔2〕刘福森认为，所谓的价值观革命，实质是把价值概念的本来含义去掉，把存在的概念含义加到价值的概念上。〔3〕有学者将自然机体的选择体现的主动性表述为前价值，然而李建珊认为这种自然事物之间的意义—效用关系的前价值，与长期历史中形成的人伦领域的价值仍然不可同日而语。他们进一步批驳了自然内在价值的依据——"合乎规律的就是有价值的"，认为自然中心主义所主张的"自然物一旦不再合乎规律，它就失去了存在的根据，也就必将灭亡"，还是回到了"存在就是有价值的"论断。笔者认为，对自然价值的这一反驳力度不够，为什么我们可以认同"存在的就是合理的"，却不能认同"合理的就是有价值的"呢？而且，就自然价值本身来说，也不应当对人工自然与非人工自然作如此严格的划分。比如刘福森认为，对自然的改造意味着自然内在价值的毁灭，自然的生态价值只有在它还没有作为工具价值被消费时才能得到保持。〔4〕

自然中心主义的论述似乎与人们根深蒂固的信念相冲突，自然当然有工具价值，人类若不从自然中获取资源，如何生存发展？然而这个信念本身不一定是可靠的，人类中心主义给人类带来的现实困境已经充分证明了这一点。

---

〔1〕 刘福森：《自然中心主义生态伦理观的理论困境》，《中国社会科学》1997年第3期。

〔2〕 李建珊：《价值的泛化与自然价值的提升——对罗尔斯顿自然价值论的辨析》，《自然辩证法通讯》2003年第6期。

〔3〕 刘福森：《自然中心主义生态伦理观的理论困境》，《中国社会科学》1997年第3期。

〔4〕 刘福森：《自然中心主义生态伦理观的理论困境》，《中国社会科学》1997年第3期。

二、传统价值观下自然价值的休谟问题

休谟问题的内容是:"是"能否推导出"应当"。休谟在《人性论》中提出:"在我所遇到的每一个道德学体系中,我一向注意到,作者在一个时期中是照平常的推理方式进行的,确定了上帝的存在,或是对人事做了一番议论;可是突然之间,我却大吃一惊地发现,我所遇到的不再是命题中通常的'是'与'不是'等联系词,而是没有一个命题不是由一个'应当'或一个'不应当'联系起来的。这个变化虽是不知不觉的,却是有极其重大的关系的。因为这个应当或不应当既然表示一种新的关系或肯定,所以就必须要加以论述和说明;同时对于这种似乎完全不可思议的事情,即这个新关系如何能由完全不同的另外一些关系推出来的,也应当举出理由加以说明,不过作者们通常既然不是这样谨慎从事,所以我倒想向读者建议要留神提防;而且我相信,这样一点点的注意就会推翻一切通俗的道德学体系。"[1]王刚将价值论领域的休谟问题归纳为以下三个方面:"①由'是'或'不是'为联系词的事实判断,能否推出有'应当'或'不应当'为联系词的伦理判断或规范判断,如能推出,那么这种推导的根据是什么。②从事实判断能否推出价值判断的问题,以及这种推理的基础和根据问题。③伦理学(道德科学)何以可能的问题,即如何科学地确定伦理学的研究对象的问题。"[2]

(一)自然中心主义的新观点

尽管中西方学者对传统的自然价值观念进行了强有力的辩护,但是关于休谟问题还是出现了不同的解释。环境伦理学家克里考特(John Baird Callicott)认为,休谟建构伦理学理论的基础是情感主义。他根据休谟的论证路径得出:环境伦理学是通过改变我们对世界以及我们与世界关系的观

---

〔1〕 休谟:《人性论》,关文运译,商务印书馆,1980 年,第 509—510 页。
〔2〕 王刚:《休谟问题研究述评》,《自然辩证法研究》2008 年第 3 期。

念来改变我们的价值,因而休谟问题不是在否定环境伦理学,而是在为环境伦理学寻找恰当的论证路径。

相对于克里考特,罗尔斯顿对休谟问题的解答更加直接。他采用了两个基本论据:①自然之物不是为人类而存在的,它们先于人类而存在;②事实与价值的绝对区分在方法论上存在错误。

1.用历史的宏观认识消解哲学上关于"是"与"应当"的认识论难题

罗尔斯顿认为,"道德的'应当'在原先只有'是'的地方出现时,这中间具有一种连续性",这样的连续性构成了一股生命之流,使得"是"能够推导出"应当"。这股生命之流有着自己的内在逻辑:"在荒野中,每一生命体都得以竞争求得自己的生存。协同的生命之'流'是这种自利行为无意间产生的结果,而经过自然选择的修缮被用来促进最有生机的物种的生存。生命的前行依靠的是一种本能的冲动。""个体利益必须受到他人利益的制约,受到生态系统性平衡与进化压力的制约。在人类之前,甚至在道德观念产生之前的'是',在产生了道德观念之后就'应当'被人们以有意识的道德行为去完成。"〔1〕

2.一种人类关爱的逻辑

人类关爱的逻辑在佛学中就有体现。"早期的佛教徒和近来的虚无主义者都正确地觉察到了生命的痛苦……佛教徒和虚无主义者实际的表现都说明他们认为生命有着一种崇高——慈悲的佛教徒是崇尚生命的……"〔2〕"我们大多数人都把现世的生命看作一种恩赐,而非毫无意义的存在。尽管有些论调,包括一些有影响力的论调,都认为自然冷酷无情,认为文化没什

---

〔1〕　霍尔姆斯·罗尔斯顿:《哲学走向荒野》,刘耳、叶平译,吉林人民出版社,1986年,第111—112页。

〔2〕　霍尔姆斯·罗尔斯顿:《哲学走向荒野》,刘耳、叶平译,吉林人民出版社,1986年,第111页。

么意义和目的,但作为这种恩赐的理事[1],我们应当尽到使生命能继续下去的责任。"[2]"如果有一种对'生命通流'的道德关怀,可能会对我们有更大的助益。"[3]

自然中心主义的观点在论证层面是从历史逻辑和实践逻辑出发的,并没有完全消解人们的疑惑,于是受到了人类中心主义者的反驳。

(二)人类中心主义者的诘难

诘难1:"是"与"应当"的推导逻辑存在理论困境。

自然价值的提出消除了存在论之"是"与价值论之"应当"的区别,将自然存在等同于自然价值,就是从"是"中直接推导出"应当"。根据休谟、康德等人的哲学,从"是"中推导出"应当"是不符合逻辑的。元伦理学的开创者摩尔(George Edward Moore)认为这属于自然主义谬误,"价值判断中就算有描述性的因素,但最具特色的行为既不是经验的,也不是逻辑的"。刘福森指出:"事物的存在属性只是一个'中立'的事实,它只就自身的关系来说无所谓'好',也无所谓'坏',因而不能充当行为的理由。'应当'或'不应当'的道德选择直接依赖的正是价值判断而不是事实判断。"[4]自然中心主义缺乏价值论根据,只是单纯地从存在论中找道德原则依据。存在关系是自在的关系,而价值关系是自为的关系,是发生在主客体之间的关系,而自然不能够成为有思维的认识的主体。比如,"花是红的"是事实判断,"花是美丽的"才是价值判断,因为它强调人的思维参与的偏爱和选择。

诘难2:自然价值论存在实践困境。

有学者从理论发展规律、生态正义等角度指出自然价值论存在实践困境。"抛弃人类中心主义而匆忙走进自然中心主义,是过分理想化和理论欠

---

[1] 理事:这里指人作为自然的管理者角色。
[2] 霍尔姆斯·罗尔斯顿:《哲学走向荒野》,刘耳、叶平译,吉林人民出版社,1986年,第111页。
[3] 霍尔姆斯·罗尔斯顿:《哲学走向荒野》,刘耳、叶平译,吉林人民出版社,1986年,第113页。
[4] 刘福森:《自然中心主义生态伦理观的理论困境》,《中国社会科学》1997年第3期。

成熟的表现。"〔1〕罗尔斯顿的自然价值论赋予自然以价值,强调尊重自然,然而对于发展中国家来说它是现实的和合理的吗?"所谓环境法西斯主义指为了整体生态系统的价值而牺牲个体特别是人类利益。这种抛弃传统、不要主体的理论真的能给人类带来自由吗?"〔2〕印度社会学家古哈(Ramachandra Guha)指出:"当今环境恶化的重要根源是工业化世界和城市精英对资源的大量和不合理的占用。"〔3〕章建刚认为,在解决环境危机的实践中我们的着力点只能是人而不可能是自然。环境危机是人的危机,是人造成了环境危机而不是自然。"环境问题首先是作为生产活动、经济增长乃至整个社会发展、人的幸福及代际关系中的一个因素被思考的。说到底,它涉及的是人的问题,人的利益、权利和交往原则的问题;最现实的问题就是发展中国家人民的生存权和发展权的问题。"〔4〕人类中心主义可以有两条进路通向环境保护的立场:一是将自然环境作为人的家园,充分认识和永续利用它的所有(外在)价值;二是优先考虑对他人的影响或协调与他人的关系,力求圆满、周到、公正。〔5〕 章建刚所认为的人类中心主义是一种强调解决实践问题的人本思想,论点是人类中心主义可以有环境保护的立场,论据是环境危机是人的危机。

---

〔1〕 李建珊:《价值的泛化与自然价值的提升——对罗尔斯顿自然价值论的辨析》,《自然辩证法通讯》2003 年第 6 期。

〔2〕 李建珊:《价值的泛化与自然价值的提升——对罗尔斯顿自然价值论的辨析》,《自然辩证法通讯》2003 年第 6 期。

〔3〕 章建刚:《环境伦理学中一种"人类中心主义"的观点》,《哲学研究》1997 年第 1 期。

〔4〕 章建刚:《环境伦理学中一种"人类中心主义"的观点》,《哲学研究》1997 年第 1 期。

〔5〕 章建刚:《环境伦理学中一种"人类中心主义"的观点》,《哲学研究》1997 年第 1 期。

第三节　传统价值观下自然价值的价值论现状

　　要探讨传统价值观中自然价值的价值论现状，必须弄清楚价值论究竟指的是什么，以及它的研究是怎么样的。

　　首先，价值论是哲学的一个分支，它是整个价值哲学的一部分。李德顺认为，"价值论被看作继存在论、意识论之后形成且与之在同等层次上并列的一大哲学基础理论分支"[1]。"17世纪(存在论)，18世纪(意识论)，20世纪(价值论)。价值论之所以在20世纪才真正形成，是因为它的内容最为庞杂，有待于前者及其他具体人文学科发展的相对成熟作为自己的基础。"[2]伦理学在价值领域探讨的主要问题是价值的起源、本质、评价标准等。各种伦理学理论对这些问题的回答是不同的。如自然主义认为，价值是一种自然的或经验的特性，从本质上看，它不过是人们的爱好、欲望、兴趣等自然本性的表示。直觉主义认为，道德中的善性质或内在价值是一种单纯的、不可定义和分析的非自然性质，它超越时空，是构成宇宙的基本元素之一，只能由直觉把握。

　　其次，价值论以元理论研究为进路。价值论是伦理学进入美学基础理论(元理论)研究的产物。国内许多学者认为，价值论仅仅是元伦理学理论的一部分。逻辑实证主义提出了较系统的元伦理学理论并明确冠之以"元伦理学"这一名称，提出语言分析是作为道德哲学的伦理学的唯一任务。马克思主义伦理学认为，对伦理学中的认识论、方法论和逻辑等问题的研究具

---

〔1〕　李德顺：《价值论——一种主体性的研究》，中国人民大学出版社，1987年，第4页。
〔2〕　李德顺：《价值论——一种主体性的研究》，中国人民大学出版社，1987年，第4页。

有十分重要的意义,对道德概念的分析与界定也十分必要,但这种研究和分析不能脱离人们的社会道德实践,否则便会陷入纯形式主义的误区。在价值论的研究中分化出了两个派别,它们均以人的价值为研究对象,探讨的领域包括义与利的关系、理与欲的关系、志与功的关系等,但是秉承了不同的观点。根据这两个派别对价值与事实之间关系的不同回答,可以将价值论分为两类:第一类是主观唯心主义价值论,认为价值是相对于个人的爱好、欲望、利益或志趣而言的;第二类是客观唯心主义的价值论,主张价值像柏拉图的理念那样是超现实的规范和理想,以人格主义、新托马斯主义为代表。

再次,价值论在价值问题研究中采用了事实与价值分离的方法,认为现象界中的事实描述是无意义的。在古希腊时期,西方哲学家就开始探讨价值问题。随着哲学探索的发展和深入,他们逐渐意识到真、善、美、正当、责任等一系列问题区别于纯粹的事实描述,而与"应当怎样"的问题紧密相关。19世纪末,一些哲学家提出,如果把经济学、伦理学、美学、法学、教育学、逻辑学和认识论中的所有这类问题分离出来,单独加以研究,更有利于对它们的探讨和解决。

最后,价值论以价值需求论为导向,这种需求的满足主体是人。传统的自然价值研究秉承了价值论的传统,从主体的需求和客体能否满足主体的需求以及如何满足主体需求的角度,考察和评价各种物质的、精神的现象及主体的行为对个人、社会的意义。因此,自然价值也被设定在价值需求论的框架之下。

一、以价值需求论为导向的自然价值

价值需求论以实用主义、心理学的观点为基础。实用主义从人的视角出发,强调立足于现实生活,把确定信念当作出发点,把采取行动作为主要手段,把获得效果作为最高目的。实用主义认为,善、幸福就是生活经验上的满足。美国哲学家詹姆斯(William James)在实用主义基础上加入了对人的心理学研究,认为价值的本质是满足需求。德国哲学家文德尔班(Wilhelm Windelband)将价值论与新康德主义结合,认为价值首先意味着满足某种需求或引起某种快感的东西。

在传统价值视野下,从价值需求论衍生出的自然价值,完全将自然内在价值剥离出去。传统价值观所讲的自然价值是狭义的,它仅仅指代自然的工具价值。价值需求论认为,有什么样的主体结构就会产生什么样的需求。"需要"是人的生存发展对外部世界及自身活动的依赖性表现。自然价值,是自然存在对人类需求的满足;自然价值关系,是"客体适应主体要求的关系,是主体以自身需求为尺度对客体的评价和选择关系"〔1〕。

在传统价值视野下,人生的苦乐情绪为自然价值的评价标准。价值需求论继承了古希腊哲学中的快乐主义哲学,强调人类的情感愉悦。这与功利主义将苦乐情绪作为伦理学出发点的研究路径不谋而合。价值需求论采用了唯快乐论的人性假设,进而关注的是世俗的人、个体的人,而不是人类精神的满足以及集体的人。

传统的自然价值论在自然价值的本质问题上与当代的观点不一致,其研究路径就遭到了批判。

二、传统价值观下自然价值的性质

传统价值观下自然价值的性质属于一种主观认识,它由两个方面构成:一是唯我论的主体性思想;二是主客二分的自然存在与自然价值对立。传统价值观下的自然价值包括人类对自然的评价、自然的可利用标准等内容。

首先,传统价值观下的自然价值建立在事实与价值分离的基础上。这体现在以人为中心的主体主义。自然价值的问题根源也在于此。以人为中

---

〔1〕 李德顺:《价值论——一种主体性的研究》,中国人民大学出版社,1987年,第51页。

心的主体主义表现在人类对自然价值的片面性理解，即放大自然的工具价值，忽视自然的内在价值。文德尔班对康德的实践理性作了进一步发挥。康德认为，道德来自实践理性的规定，这种实践理性是至高无上的"绝对命令"，即对人而言的无条件的行为准则。文德尔班把认识论的根本问题归结为价值和评价问题，认为哲学也只有从价值的角度出发才能将康德等人所未能统一的知识的不同领域统一起来〔1〕，但是这种价值哲学把世界二重化为理论世界和实践世界，因此也就滑向了唯心主义。

其次，传统价值观下的自然价值关心人类利益，忽视自然存在和自然作为主体假设的需要与利益；在价值论上也以个体的人为价值主体，以人的世俗生活为价值目的。以人为价值评判标准的人类中心主义思想被认为是现代性危机的来源。后现代哲学家批判现代性危机本质上是人的危机，这种危机"源于现代性的本质，源于以人为中心的主体主义"〔2〕。

综上，从价值论角度看，存在论和认识论的争论都是不足为道的，因为自然价值本身是一种存在，同时也是一种价值认知，对自然价值的认知建立在自然与人的关系的重新认知的基础上。为此，重要的是在存在论和认识论的基础上重新认识自然价值的性质、目的等。这里所说的自然价值的目的既包含满足人的价值需求，还包括指引人的意识活动和实践活动。

---

〔1〕　文德尔班将自然科学与伦理学、自然科学与美学及其他历史文化科学进行了沟通。
〔2〕　王晓华:《后现代是现代的一部分吗?》,《深圳大学学报(人文社会科学版)》2002 年第 5 期。

第二章

传统价值观下的自然价值问题审视

几个世纪以来,世界越来越被一种强调人与自然区分的二元论的认识论统治。近代西方哲学所崇尚的思维方式包括主体与客体相分离、科学与价值相分离、直观的自然与科学的自然相分离等。科学知识与道德知识已经在中世纪末期被培根切为知识的两个方面,由这个思想发展而来的价值思想将自然的内在价值抽离出去,价值关切仅仅在于人的旨趣。

第一节 思维方式的二分倾向

一、二元和二分的概念

二元一般指处于对立面的两个概念。认识论上的二元概念是指将认识主体和认识客体放在对立面;所谓二元论的价值哲学主要是指主体与客体的分离、事实与价值的分离。二元性是指一种认识上的相对性。事物就其存在本身是客观的,但是由于强调认识的主体是人,人感知事物时主要通过自己主观的思维和判断,于是就有了好坏、善恶、美丑、是非、黑白之分,这些思维判断也存在相对性,某种意义上说,相对性就是二元性。

二分是指两个本来并无对立关系的概念处在对立面。价值二分是指将"价值存在"与"价值评价"二者放在对立面,而它们本身的对立与否对于认识主体人而言其实并不重要,它们的对立与二分的关系对人类实践也是没有影响的。

主客二分是西方哲学的一个显著特征。主客二分有两种指向:一是主观与客观的区分;二是主体与客体的区分。就前者而言,从本体论角度是指思维与存在、精神与物质的区分;从认识论角度是指认识与对象的区分;从历史观角度是指社会意识与社会存在的区分。就后者而言,是指在价值论意义上考虑主体与客体的关系。主客二分思想源于古希腊哲学,逻各斯〔1〕与努斯〔2〕分别提出了客体性和主体性原则。苏格拉底和柏拉图对逻各斯与努斯都进行了发展,使主客二分独立出来,形成鲜明的对立。从亚里士多德到康德,哲学家不遗余力地调和二者之间的矛盾,力图把二者统一起来。康德提出了"物自体"、黑格尔提出"绝对精神"来弥合二者之间的关系,但他们都陷入了唯心主义的渊薮。马克思用实践的观点实现了主客二者的统一。

传统机械论思维是主客二分的思维,在价值论上表现为认识主体与认识客体的分离、事实与价值的分离。这最终导致机械论二分思维的四种分离,包括科学知识与道德知识的分离、直观自然与科学自然的分离、人与自然的分离,文化与自然的分离。这些分离也间接导致了机械论后果——人类中心主义。

二、主体与客体的分离

在古希腊时期,人们将自己的幻想不断加工,从而排除拟人观,把自然万物当作人之外的对象来对待,从"物我不分"走向"物我相别"。这种物我相别成为二元论价值的开端。但是主客二分思想的集大成者还数笛卡儿。

笛卡儿"我思"思想为近代哲学奠定了反思性、主体性原则和理性主义等基本特征,他以批判性的反思、科学方法和理性精神清除了经院哲学的废

〔1〕 逻各斯:英文为 Logos,一般指世界的可理解的规律,因而也有语言或"理性"的意义。在希腊文中,这个词本来有多方面的含义,如语言、说明、比例、尺度等。赫拉克利特(Heraclitus)最早将这个概念引入哲学,在他的著作残篇中,这个词也具有上述多种含义,但它主要是用来说明万物的生灭变化具有一定的尺度,虽然它变幻无常,但人们能够把握它。在这个意义上,逻各斯是西方哲学史上最早提出的关于规律性的哲学范畴。亚里士多德用这个词表示事物的定义或公式,具有事物本质的意思。

〔2〕 努斯:古希腊语为 Nous,含义是灵魂、心灵,但不是被动的、带有物质性的灵魂,而是能动的、超越的、与整个物质世界划分开来的纯粹精神,是与感性相对立的纯理性。努斯也是一个哲学概念,它由阿那克戈哥拉(Anaxagoras)首次引入哲学中并对苏格拉底形成影响,从而造成了希腊哲学从自然哲学向精神哲学的一个大转折。

墟,重建了形而上学的基础,他的"心身二元论"对整个现代性科学历史建构的意义也是显然的,他的天赋观念的提出为唯理论与经验论围绕认识论的争论拉开了序幕。格里芬〔1〕从自然"祛魅"的源头及其方法架构上指出,这种哲学最初是关于作为一个整体的实在的二元论和一神论观点的一部分;在物理学中客观化的、机械论的和还原论的方法的成功很快就使人们坚信,这种方法应适用于现实中的所有事物。《近代科学的建构:机械论与力学》的作者韦斯特福尔(Richard Westfall)说:笛卡儿对机械论自然哲学产生了比任何其他人都大的影响,"他赋予了机械论哲学论述以一定程度的哲学严密性,这是在其他地方所没有的,而这种严密性正是机械论哲学迫切需要的"〔2〕。这就是说,整个现代性科学的方法进路正是奠基于这种二元划分并逐步竣工的。

笛卡儿的二分哲学主要体现在"我思故我在"。在笛卡儿看来,身体与心灵是截然对立的。身体的属性是光焰,身体是消极的;心灵的属性是思维,心灵是积极的、自由的。这两种实体截然不同。他在《方法论》中告诉人们,一个思维的事物就是能够怀疑、理解、设想、肯定、否定、意愿、拒绝、想象以及感觉的事物。但是,笛卡儿在为近代哲学确立主体性原则的同时也留下了一道二元论难题。人类中心主义秉持的以人为价值评价主体的传统价值观的理论依据就是笛卡儿的二分哲学。

笛卡儿同诸多伟大的自然科学家一样,认为自然中的一切事物(甚至心理过程和情感)都必须以机械方式进行解释,而无须借助于形式或者本质。这也是机械论的思想基础以及还原分析论的核心思想。同时,笛卡儿接受了确立已久的唯心主义或者唯灵论的哲学的基本原则,试图在机械论同上

〔1〕 格里芬:后现代主义代表人物,被誉为"建设性后现代哲学的奠基者",其思想对于后现代美学、文论的建构发展有着积极的裨益。主要著作有《超越解构:建设性后现代哲学的奠基者》、《上帝、权力与罪恶》、《过程神学》(与小约翰·B.科布合著)、《后现代科学:科学魅力的再现》、《后现代精神》等。

〔2〕 炎冰:《心身二元与科学之科学——笛卡尔科学哲学思想再探》,《扬州大学学报(人文社会科学版)》2008年第12期。

帝、灵魂和自由观念之间进行调和。笛卡儿认为,自我心灵的知识先于自我关于任何物质事物的知识,并且更加确定;因为"我"可以怀疑物体是否存在,但是"我"已经认识到"我"在思维。

这样一种极端的二元论之所以吸引笛卡儿,是因为它让自然科学自由地对自然进行机械论的解释。与古代的泛灵论不同,心灵被排除在自然之外,自然获得了自己的独立领域。人们在心灵和身体之间进行了划分,就如同经院哲学时代神学和哲学之间的划分一样。笛卡儿将这一学说应用到整个有机界中,甚至应用到人的身体上。笛卡儿否定了亚里士多德和经院哲学学者的生机论[1],而为有机自然提供了一个机械理论。

二元论的价值哲学从人类价值产生时就已经存在。笛卡儿认为,伦理学与"人和自然的关系"无关,因为动物是无感觉、无理性的机器,它们像钟表那样运动,但感觉不到痛苦;由于没有心灵,动物不可能受到伤害;相反,人拥有灵魂和心灵,思想决定着人的机体。

三、事实与价值的分离

事实与价值二分是西方哲学的一种传统,英美哲学继承了休谟和波普尔(Karl Popper)关于事实与价值关系的二元论立场,坚持事实与价值分离。

休谟问题包括两个方面:一个是因果问题,另一个是归纳问题。因果问题折射出他的知识怀疑论,即他认为我们只能观察到事物本身而看不到背后的理性为何。归纳问题在伦理学上表现为"是"与"应当"的问题,也是本书探讨的休谟问题。休谟认为,无论是历史还是外在自然都不能替我们决定什么、选择什么,道德决定不可能从社会事实或对这些事实的描述中推导出来,而只能是源于我们的自由选择。

---

〔1〕 生机论:一种认为生命现象不能仅由化学和物理过程及其定律完全解释,而是需要一种只存在于活性器官的特殊生命力来理解的理论。

客观存在的认识论上的休谟问题，使主客二分思维尖锐化。休谟认为，人是无法认识到事物背后的逻辑的，因而单纯地从现象层面的"是"推导出理论层面或伦理层面的"应当"是不可能的，如果一定使之成为可能，那么在"是"与"应当"之间存在认识上的跃迁。由此衍生的不可知论，扩大了事实与价值之间的鸿沟，进一步将事实与价值推到两个对立面，一个属物，一个属人。以至于在后来的人类中心主义观点中，人们似乎已经遗忘了休谟问题的本原，而将其简单地定义为主客二分的关系。

那么这个令人纠结的事实与价值分离的问题，在自然价值领域是如何呈现的呢？

要讨论自然的事实与价值的二分，不妨先对这两个概念进行准确定义，并在内涵上达成共识。如此，关于自然价值问题的讨论才有意义。从逻辑上讲，事实从属于客观世界，价值则是人类在历史发展过程中对于意义的一种理解和把握，它是一个动态发展的过程。事实需要主体的描述，价值需要主体的评价。它们本身就是相互包含、相互作用的，根本无法分离。"张三是一个好人。"这是一个价值评价，那么就需要充分的理由；只有将这些理由描述清楚，才能进行评价。所以这在人的实践生活中是一个混合的、综合的、整体的行为。非要进行事实和价值的分离判断，就会割裂这个过程内部本身包含的一些联系。从这个意义上说，正是事实与价值的分离，让我们对自然价值的认识变得模糊。

法兰克福学派的代表人物哈贝马斯（Jürgen Habermas）打破了这种分离。他承认思想多元的事实，并在此基础上寻求一种共享的价值观，即实践的交往理性。他坚持事实与价值一元论，认为共识中必然包含真理。对事实与价值关系的正确认识应当是：二者在实践中相互影响。也就是说，价值标准是一种事实性的存在，而不仅是人的意识存在。是否存在一个主观形而上的理念世界以及一个现实的世界？首先，自然是具有客观实在性的存在，不管是否有人会认为它存在。自然的存在不依赖于人。自然作为事实，就是要求被人们的认识和实践活动所掌握的时候它才成为事实。其次，从唯物主义立场出发,我们存在的世界只有一个物质世界,所谓的人的精神世界,只是客观世界在人的大脑中的一种反映。我们承认人自己有独特的价值,这种价值不以某一个人的意志转移而转移。但对于人生活于其中的自然,我们往往只是强调其对于人类的工具价值,而对地球整个生命圈发展的意义,在认识上存在偏差。

第二节　知识划分导致的分离

一、科学知识与道德知识的分离

在培根所处的启蒙时期,对神学强大社会控制力的畏惧导致他对人类道德知识发展心怀恐惧。"对于善与恶的道德知识来说,那是有野心的和狂妄的要求,其目的在于人可以反叛上帝并为自己制定法规,是误人的形式和方式。"[1]这样,道德问题和价值问题被孤立在"科学"的门槛之外,成为独立的课题。

科学知识相对于道德知识的优越性在人与自然共处的过程中进一步显现。

首先,人们在思想上经历了从跟随自然到指引自然的转变。"当她在漫步的时候,你不是跟随而仿佛是追逼着她,那么如果你愿意,你就能够指引并驱使她再次来到同一个地方。"[2]在培根看来,以前的理论一无所成:其方法、基础和结果都是错误的,必须全部重新开始,去研究事物自身,而不是因循成见。简言之,要进行独立思考。知识的典范是自然科学,方法是归纳法,而目标是技术的创造。培根在《新大西岛》中描述的新社会秩序也基于科学与技术。

其次,培根的科学新观念隐含着"新的态度",即战胜自然的态度。"当

---

〔1〕　威廉·莱斯:《自然的控制》,岳长龄、李建华译,重庆出版社,2007年,第44页。

〔2〕　威廉·莱斯:《自然的控制》,岳长龄、李建华译,重庆出版社,2007年,第44页。

代机械发明不仅仅致力于斯文地指引自然之路,它们还有力量去战胜和征服她,去动摇她和她的基础。"〔1〕当然,现实刺激也是必不可少的,"如果我们认真遵守一种原则,巨大的补偿就会随之到来"〔2〕。在利益面前人性开始释放,人们似乎更愿意选择以牺牲天国的愿望来换取地上的愿望。在此基础上,一种纯粹利用自然的工具价值的倾向,在现世学说和功利主义的指引下,逐渐发酵成熟。新的态度也是新的方法论的基础。培根认为获取科学知识的正确方法不同于以前,"一些人使用证明的方法,但是他们的出发原则或者是匆忙形成的,或者不加深究而予以相信。其他人则因循感官之路,但是感官就其自身而言是有缺陷的;还有一些人蔑视知识,但这一态度太过独断,不能令人满意"〔3〕。培根憧憬一种伟大的复兴〔4〕,这种伟大的复兴要求"我们重新开始工作,在一个坚固可靠的基础上提出或建立新的科学、技术和所有人类知识"〔5〕。

培根认为,科学增长有赖于技艺对自然的管束,即控制自然。自然存在有三种状态,除去自然内部机理引发的错误状态如创造物的毁灭,只有"在技艺管束下"才是科学知识增长的最有利的条件,在这个状态下,自然事物的本性比其在自由状态下更容易暴露出来。

伴随着"控制自然"思想的发展,以及科学增长方法论的成熟,人类中心主义的思想也慢慢形成。技艺和知识就成为人们利用的武器,目的是给自然设下陷阱,强迫自然服从人类命令;培根认为的重建知识的障碍——人类控制自然的能力受挫带来的心理状态,在一次又一次的自然设定和科学知识的增长中不断调整,使人类不再在强大的自然面前屡战屡败,人类的眼中就只有自然的工具价值,以至于无限度地对自然进行开发利用。

---

〔1〕 威廉·莱斯:《自然的控制》,岳长龄、李建华译,重庆出版社,2007年,第53页。

〔2〕 威廉·莱斯:《自然的控制》,岳长龄、李建华译,重庆出版社,2007年,第54页。

〔3〕 弗兰克·梯利:《西方哲学史》,贾辰阳、解本远译,光明日报出版社,2013年,第264页。

〔4〕 《伟大的复兴》是培根计划写的一部书,但是他只完成了两部分,即后来出版的《学术的进展》和《新工具》。

〔5〕 威廉·莱斯:《自然的控制》,岳长龄、李建华译,重庆出版社,2007年,第68页。

　　道德知识与科学知识的分离,是 17 世纪起哲学二元思想的来源,经过科学知识的确证式发展,传统哲学越来越让位于科学。如芒福德(Lewis Mumford)所指出的那个时代的影响一样:"那个时代最重要的发明是科学研究中引入的试验方法,因为新机器、新工具尤其是自动机器的客观性,必然有助于建立对世界的客观信心……这种方法在推进人类智力的领域中发现了一条惊人的便捷之路……我们将看到,在后来的两个世纪中,科学实验方法促进了生产手段的新的组合,在使人类最大胆的梦想成为可能的同时,也实现了人类最不负责任的幻梦。"[1]20 世纪科学哲学中的逻辑经验主义、科学实在论都意图将人文精神驱逐出哲学的殿堂。

二、直观自然与科学自然的分离

　　直观自然通常被认为是主观领域的日常生活经验的自然,科学自然通常被认为是客观领域的物理科学的现象,即胡塞尔(Edmund Husserl)所说的"数字化的自然"。莱斯(Leiss William)在《自然的控制》中提到直观自然是"设定一个熟悉的背景,它在某种程度上在一种普遍的规模上,把人类的经验连接在一起,而不管文化的和历史的差异"[2]。莱斯提到的科学自然是经过抽象过程的、现时的特殊类型的经验,科学"只是在历史的某一点上才实际地对于人的意识成为现时的,并因此被理解为自然的一个方面"[3]。胡塞尔认为"自然科学对象"所指的自然与"人类控制自然"所指的自然是同一个概念,即在自然可以经受这种操作处理的程度上所定义的自然。这里的"这种操作"指的是进入人的历史的世界和接受由人指导的试验。可见,胡塞尔对于自然的理解是抽离自然的内在价值的,他所指的自然以及之后的浪漫主义运动和 19 世纪自然哲学中提到的自然,均与"人的旨

〔1〕　刘易斯・芒福德:《技术与文明》,陈允明等译,中国建筑工业出版社,2009 年,第 121 页。

〔2〕　威廉・莱斯:《自然的控制》,岳长龄、李建华译,重庆出版社,2007 年,第 121 页。

〔3〕　威廉・莱斯:《自然的控制》,岳长龄、李建华译,重庆出版社,2007 年,第 121 页。

趣"有关。

但是胡塞尔对自然价值进行了重新思考并提出了新的观点。

首先,胡塞尔将把自然内在价值剥离出去的自然看作数学化的自然(科学的自然),并对其存在意义进行了探讨。他提出一个问题:"这种自然的数学化的意义是什么？我们如何重构一种促动它的思维路线？"〔1〕从科学实在论的角度看,生活世界(直观自然)被贬低为"纯粹主观经验领域",但是生活世界是人类实践在其中发生的领域:"它将直接给予的东西理解为纯粹主观相对的显现,它教导我们,要按照它的绝对普遍的原理和法则,通过系统接近的方法,研究超越自然本身。"〔2〕数学化的自然(科学自然)和人类实践之间无法建立直接联系,只能以技术应用为中介,并且科学不能为"对人类实践生活中的一切所必须做出的判断、选择和评估形成一个客观基础"做出贡献。也就是说,科学的局限性体现在它无法解释社会历史,也无法对价值选择进行精确分析。

其次,胡塞尔对自然的存在意义是持肯定态度的。他一再思考的是生活世界即直观自然的存在问题;他认为生活世界是在一切科学之前已经能够达到的世界,而科学本身要从生活世界的变化中才能得到理解。他认为的自然内在价值是先于人存在的,而自然的工具价值在人控制客观自然的过程中得到凸显。

最后,胡塞尔批判了笛卡儿的唯我主体性,并批判了脱离精神的认识以及二元论的认识。他描述了"经验实在"对应的知觉样式,并将其分为两个领域:第一个领域是无生命力的物质对象领域,这一领域的真实特点和因果联系只有通过感官才能被感知;第二个领域是动物的领域,包括人在内的有精神或灵魂的生命领域。

在认识论上,胡塞尔摒弃了笛卡儿的"唯我"的主体性,从而走向交互主

〔1〕 E. 胡塞尔:《欧洲科学的危机与超越论的现象学》,王炳文译,商务印书馆,2011年,第9页。

〔2〕 E. 胡塞尔:《欧洲科学的危机与超越论的现象学》,王炳文译,商务印书馆,2011年,第384页。

体性。胡塞尔引进了一种化约的方法来看待认识和判断,认为我们认识到的世界是直观的世界,包含了自我的实际行为的意向性、自我潜在的意向性以及作为我所经验到的自然。胡塞尔一生都在与唯我论做斗争。首先,他批判了伽利略(Galileo Galilei)从几何学出发的对待世界的态度,认为这种态度"抽去了在人格的生活中作为人格的主体;抽去了一切在任何意义上都是精神的东西,抽去了一切在人的实践中附到事物上的文化特征"[1]。伽利略为牛顿进行了科学的奠基,他的思想也成为现代性和确定性的源泉;笛卡儿从思维认识的角度更加强调了自我意识。其次,他指出了笛卡儿思想如何走向主体性。笛卡儿的无前提的彻底主义,"为了将真正的科学认识回溯到有效性的最后源泉并由这些源泉出发将它们绝对地建立起来,要求将考察指向主观"[2]。再次,他直接批判了笛卡儿的二元论,认为"二元论是理性问题不可理解的原因,是科学专门化的前提,是自然主义心理学的基础"[3]。胡塞尔对休谟问题的认识源自对笛卡儿的主体性认识的反思,胡塞尔的意识流哲学影响了许多存在主义哲学家,他的哲学思想更清晰地指向实践生活。

但是,在自然观领域,胡塞尔没有逃离笛卡儿的思维圈套,没有走出认识论的主体性阴影,只是将这个主体进一步放大为日常的意识流,他甚至认为"科学的世界是科学的思维活动的思维对象"[4]。胡塞尔把自然态度归结为一种以世俗的自我为中心的封闭性的日常情况,从而走向认识的另一个极端。

---

〔1〕 E. 胡塞尔:《欧洲科学的危机与超越论的现象学》,王炳文译,商务印书馆,2011年,第80页。

〔2〕 E. 胡塞尔:《欧洲科学的危机与超越论的现象学》,王炳文译,商务印书馆,2011年,第115页。

〔3〕 E. 胡塞尔:《欧洲科学的危机与超越论的现象学》,王炳文译,商务印书馆,2011年,第82页。

〔4〕 E. 胡塞尔:《欧洲科学的危机与超越论的现象学》,王炳文译,商务印书馆,2011年,第117页。

第三节　自然价值整体性的缺失

17世纪开始，科学得到突飞猛进的发展，在人们打破神学藩篱的同时，科学主义出现了新的思想变化：自然的内在价值被日益忽视，自然的工具价值逐渐凸显，在此基础上逐渐形成了一种二元的自然观。自然价值被定义为一种只服务于价值主体——人的一种狭义价值理念。与此同时，技术价值逐步取代自然的工具价值而成为人类剥削自然的合理性理由。

一、自然的工具价值被片面放大

培根的科学哲学思想被视为文艺复兴时期科技理性启蒙和发展的哲学之源，以及资本主义发展的哲学基础。他提倡科学的兴盛，并将科学思想与神学思想联姻。在我们看来，神学的没落、科学的发展、资本主义的兴起是启蒙运动时期价值颠覆的主要内容，这个颠覆的基础是培根这位"自然大臣"提倡了一种新秩序哲学，资本主义的自然观由此发展形成。培根的思想是科学发展的来源，却也是自然具有工具价值这一人类中心主义认识的思想来源。

培根在早期出版的《新大西岛》中勾画出了科学理性的神圣殿堂，即新大西岛。首先，培根极其推崇和提倡机械技术与物理科学进步。在《新大西岛》中，他假想了一个所罗门学院（以希伯来人的王的名字"索罗蒙那"命名）；的确，培根所主张的促进科学兴盛的教育观念在他死后50年得到了很好的推行——英国为此进行了系列改革。他倡导建立科学技术的研究体制,认为这是有利于子孙万代的繁荣的伟大事业。通过科学和技术的进步来控制自然,这被理解为一种能推动社会进步的方法。其次,培根采取了一种类宗教的形式为科学进步进行辩护,在他看来,科学在道德上是清白的,"最清白和最有价值的征服是征服自然的工作"。他是想利用宗教(这里用的是基督教)冲破科学发展的道德约束。在培根看来,宗教和科学正共同作出努力,补偿被逐出伊甸园所受到的伤害。因为科学和宗教一样,其目的是拯救人类,实现人类荣光、实现人的救赎。[1] 在宗教领域,人类从"最初的完美"到"伊甸园的堕落"再到"现实中的自我救赎";在科学领域,一个理念最初假定它是完美的,但是理论与现实自然"无法一一对应"折射出现实的不完美,因此人类在对自然的不断征服中实现自我救赎。正如培根在《新工具》中指出的那样:"人由于堕落而同时失去了其清白和对创造物的统治,不过所失去的这两方面在此生中都可能部分地恢复,前者依靠宗教和信仰,后者靠技艺和科学。"[2] 此外,科学的清白还体现在科学的"艰苦工作"中:"认识自然只有通过精细的观察和实验室控制等缓慢而单调的艰苦工作才能获得。"[3] 在一定意义上,默顿(Robert King Merton)的现代科学的精神气质[4] 也是在这样的"清白"的基础上提出的。

这样,自然成为人们利用和开发的工具,加上宗教的道德外衣,自然被人们合理利用。鉴于所处的时代,培根非常机警地推行控制自然的思想。他没有像布鲁诺(Giordano Bruno)等科学家一样触犯神的权威,而是掩藏了科学与宗教的潜在矛盾,提出一种"神授的控制自然"的观念,并移花接木般将这些观念与之前的"炼金术士的狂妄幻想"相分离,注入了文艺复兴的新鲜血液。另外,为了使科学与宗教之间更好地分离,他清楚地界定了自然知识和道德知识,这也成为文艺复兴之后的现代思想的基本原则,甚至可以

---

〔1〕 威廉·莱斯:《自然的控制》,岳长龄、李建华译,重庆出版社,2007 年,第 44 页。
〔2〕 威廉·莱斯:《自然的控制》,岳长龄、李建华译,重庆出版社,2007 年,第 44 页
〔3〕 威廉·莱斯:《自然的控制》,岳长龄、李建华译,重庆出版社,2007 年,第 71 页。
〔4〕 现代科学的精神气质包括四条规范:普遍性(universalism)、公有性(communism)、无私利性(disirestedness)、有条理的怀疑论(organized skepticism)。

说,科学主义和人文主义争论的祸根就是最初的培根哲学的瑕疵。依靠神学发展科学,这个思想本身存在矛盾:一方面,我们依靠"神授予"的人类部分"控制自然"的权利,来推进科学的发展,这个发展的最终结果与宗教的结果是相同的,即"自我救赎";另一方面,科学知识与道德知识即宗教信仰完全是两个领域,因此,通过科学实现宗教上的自我救赎是不可能的。所以,虽然培根采取的是以类宗教的方法推行科学知识,但是科学知识增长的后果是完全背离宗教的,走上了非宗教化的路线。对此,莱斯指出:"当控制自然的观念被彻底世俗化后,包含上帝和人之间契约的道德束缚以及人类的获准的对地球的部分统治就失去了它的效力。"[1]19世纪以后的历史也表明,宗教在科学的繁盛过程中作用力日益衰退,《达·芬奇密码》向我们揭示了科学与宗教联姻的原罪,信仰在新一代欧洲年轻人中也成为装饰。

是什么使得培根思想从蜿蜒小路发展为康庄大道?有四个方面的原因:①与自然巫术的结合;②社会心理的转变;③基督教对泛灵论的批判;④人性的释放。曾经的自然巫术用其微妙的解释迷惑了不少人,它利用的是词语的力量和人的想象力。科学在发展的早期还披着自然巫术的外衣,那个时期的自然哲学被认为是"好的巫术"。自然巫术并非完全没有正确性可言,它预期了自然行为的结果。另外,一种"可怕"的思考出现在笃信宗教的人们中,庸俗世界中要求人的行为"高贵化"的心理转向使得人们对自然工作的兴趣陡增,人们开始审视自身并关注现世的发展。宗教有一个共同特征,就是相信所有的自然的对象和场所都是具有精神的。与文艺复兴同时期的北方的宗教改革使基督教越来越兴盛,培根的"与神并肩"的自然观中更多地借助了基督教的力量,正如怀特(Lynn T. White, Jr.)所指出的,通过消灭异教徒的泛灵论,基督徒便能以一种不关心自然对象的心情开发自然。

---

〔1〕 威廉·莱斯:《自然的控制》,岳长龄、李建华译,重庆出版社,2007年,第50页。

二、自然的内在价值被忽视

在讨论自然的内在价值时,笔者始终以罗尔斯顿的价值划分[1]为基础。自然的内在价值是指自然不以人为参照就已然存在的价值,即自然存在是一种价值。在自然价值的争论中,大部分学者忽视了自然的内在价值。按自然中心主义者的观点,自然具有独立于人对自然的价值关系和评价之外的内在价值。

自然的内在价值被忽视是人类片面追求自然工具价值的必然结果。在这个过程中,人类无限制地放大了科学理性。基督教代表阿奎纳(Thomas Aquinas)曾说:"人在无罪状态中通过命令动物来施行其权威……他对植物和非生命对象的控制不在于命令或改变他们,而在于无阻碍地利用他们。"[2]文艺复兴是现代科学的思想来源,它同时形成了一种新的人对自然的态度:人们判断事物好坏的标准从神转向了人,从社会政治需求和社会道德需求转向了人本身,即关注人本身的情绪感受,价值评价也来源于这种感觉产生的好或者坏。自此,自然的内在价值已经完全被剥离出去。

在近代工业革命之后,人们的关注点在本质上发生了变化,从单纯的开发自然转变为追求技术。"人们的关注点从自然是一种奇异的过程和新的力量转向了发现、研究和形成对人的目的有用的那些自然力量所依靠的工具和仪器。"[3]至此,人们关于自然观的困惑已经与自然的内在价值完全脱离,开始了有关技术的争论。其实,培根在很早的时候已经敏锐地觉察到错误地应用科技发明的内在危险,他在《论古人的智慧》中讲述了古老的代达罗斯的故事,意在表达"技艺具有双重作用"的观点。代达罗斯的故事描绘了一种由工具(技术)所引起的恐惧和渴求的矛盾情绪,即一方面是对技

---

[1] 罗尔斯顿将自然价值划分为自然的内在价值、自然的工具价值。
[2] 威廉·莱斯:《自然的控制》,岳长龄、李建华译,重庆出版社,2007年,第28页。
[3] 威廉·莱斯:《自然的控制》,岳长龄、李建华译,重庆出版社,2007年,第68页。

艺的利己性需求,另一方面是对人是否具备处理技艺问题所需的能力的恐惧。罗素也曾经预言:"在很久以后,技术条件对于组织化的整个世界来说只是一个生产和消费而存在的结构。"[1]罗素认为,自然的工具价值能够给人带来幸福的基础是人有理性,即黑格尔所说的"理性支配者为自己工作的激情";但是,人有的时候是非理性的,控制技术的人,也是激情的和本能上无约束的。罗素因此得出结论:技术带给人的是"把自己交付于追求科学技术的整个文明的"命运。罗素曾经预言科技变革会带来经济组织结构规模扩大以及世界政治的统一。他认为技术的终点是文明的崩溃,因为"科学已经提高了统治者的理论和人们放纵他们集体激情的能力"[2],以至于文明可能自我毁灭。

人们逐渐发现,相对于人的其他欲求,人对技术的欲求永无止境,而自然的工具价值确实是有限的。在前工业时代的农业文明时期,技术是足以支撑社会发展的,人们只需调节好人与人的关系;但是到了工业文明时期,技术永远不够用,而人与自然的关系越来越紧张,因为工业技术以一种系统的方式利用和转换着自然的工具价值。

三、人类价值优先于自然价值

自然的工具价值的凸显带来了自然与文化的对立,它是人们以牺牲自然换取人类进步的理论基础:承认文化优于自然,即承认人类价值优于自然价值。

提倡与自然与文化的对立,是对传统有机论中"自然作为女性"这一观点的批驳。把自然比喻成女性是柏拉图《蒂迈欧篇》中的观点。"柏拉图赋

---

[1] 威廉·莱斯:《自然的控制》,岳长龄、李建华译,重庆出版社,2007年,第5页。
[2] 威廉·莱斯:《自然的控制》,岳长龄、李建华译,重庆出版社,2007年,第6页。

予整个世界以生命,并将这个世界比作一个动物……她的灵魂是一位女性。"〔1〕因为能够表征"自然是仁慈的养育者和非理性的施虐者"这一特质的均是女性。"随着科学革命的推进和自然观的机械化和理性化,地球作为母亲的隐喻逐渐消失。"〔2〕可见,机械论胜利带来的结果是人类获得文化优先权。"许多美国文学建立在这样的基本假设之上:文化优于自然……人类学家也指出自然和女人都被认为处于比文化低的层次。"〔3〕针对这个观点,马尔库塞(Herbert Marcuse)曾经批驳说:将技术的进步等同于文明的进步,文明就成为一种"普遍的控制工具"。

诺克斯(John Knox)更是将社会秩序建立在贬低女性和贬低自然之上。他主张"上帝已在国家和公民团体建立秩序,它对应的是男人的自然的身体"〔4〕。他给出的结论是:提拔妇女去领导和统治男人是倒转自然,是与自然秩序相矛盾的,而这样的秩序是上帝在建立并用他的话统治的国度中认可的。〔5〕细细回味历史不难发现,诺克斯形成这些思想的原因有三个:①特殊的历史背景。当时社会刚刚经历了漫长黑暗的中世纪时代,在赢得曙光之际却遭遇天主教对新教的打压。中世纪时期,女性地位逐渐下降,女性在黑暗时代被被认为拥有"本性上的弱点"和"无节制的欲求",中世纪著名的女巫审判是最好的例证。因此,诺克斯在心理上会将天主教对新教的打压归罪于女性,并试图找出自然无理性的罪证。②特殊的历史人物给予了诺克斯批判的灵感。诺克斯是苏格兰新教改革家,他所处的政治时代是铁血玛丽的统治时期,天主教和新教的矛盾在这个女王身上凸显。③宗

---

〔1〕 卡洛琳·麦茜特:《自然之死——妇女、生态和科学革命》,吴国盛等译,吉林人民出版社,1999年,第11页。

〔2〕 卡洛琳·麦茜特:《自然之死——妇女、生态和科学革命》,吴国盛等译,吉林人民出版社,1999年,第2页。

〔3〕 卡洛琳·麦茜特:《自然之死——妇女、生态和科学革命》,吴国盛等译,吉林人民出版社,1999年,第159页。

〔4〕 卡洛琳·麦茜特:《自然之死——妇女、生态和科学革命》,吴国盛等译,吉林人民出版社,1999年,第161页。

〔5〕 卡洛琳·麦茜特:《自然之死——妇女、生态和科学革命》,吴国盛等译,吉林人民出版社,1999年,第161页。

教理念。基督教教义中树立了男性的权威。诺克斯认为女皇统治是颠倒自然，并强调上帝的权威："上帝通过它的创造秩序已掠走了妇女的权威和统治权……因为它拒绝给妇女领导职位。"〔1〕

但是值得注意的是，诺克斯把自然的丛林等级秩序的原理用于解释人类社会，本身存在场域的适用性问题。而且他忽视了自然中非丛林秩序的一面，即自然内在价值中的理性的一面。纵观自然演化历史会发现，自然整体上是有序发展的，但是这个有序发展过程中伴随着零星的无序性爆发，例如火山爆发、地震等地壳运动就是自然无序性的表现形式。诺克斯只关注到培根所说的自然的错误状态〔2〕带来的人类负面影响，而没有对自然的内在价值理性进行分析。

他的理论影响至今，其直接结果是文化优先权的确立。这种文化优先权左右着我们的价值观，直到在后来的女权运动中被批判。

从社会发展的角度看，曾经占据统治地位的整体主义文化形态也在社会新浪潮中一次次被瓦解。"在工资劳动和财产两个方面，市场经济的成长产生了更多或升或降的流动个体，不断侵削着等级制模型的整体论意识形态。"〔3〕这种整体性的社会意识形态曾经被亚里士多德、阿奎那、索尔兹伯里的约翰(John of Salisbury)等人所推崇。索尔兹伯里的约翰提出了有机国家的概念，有机理论的等级形式包含着一种强调秩序和稳定的政治意识形态，可归之于保守主义或定位于政治系谱中的极右端。

在摈弃了整体主义以及温和的女性主义特点的文化形态之后，人类朝着唯我的进取的文化形态前进就成为 17 世纪科学时代的必然结果。

---

〔1〕 卡洛琳·麦茜特：《自然之死——妇女、生态和科学革命》，吴国盛等译，吉林人民出版社，1999 年，第 161 页。

〔2〕 培根将自然的无序性的地壳运动和海洋运动例如火山爆发、地震、飓风等称为自然的错误状态。

〔3〕 卡洛琳·麦茜特：《自然之死——妇女、生态和科学革命》，吴国盛等译，吉林人民出版社，1999 年，第 82 页。

第三章

传统价值观终结的外在表现

随着时代发展,传统的价值观念逐渐走向没落:支撑资本合理性的资本主义新教伦理走向没落,神的道德约束弱化,人类理性崇尚的秩序成为主导;在后现代的喧嚣中人们一再寻找精神世界的平衡支点,曾经崇尚的秩序一再被打破;在现代社会中占据主流的价值观功利主义和消费主义遭受困境。

　　在价值领域,科学时代的二元对立的传统价值观逐渐演变为主体性的夸大;在科学与资本的强有力的促进作用下,人的自我意识被过度激发,变成了垄断性的唯我意识。出现价值观困境后,人在价值选择中逐步自发地走向整体论和实践论,即以有机论取代机械论,从价值目的的角度重视事物对人的实践的意义。

第一节 现代性的终结

现代性是指一个特定的历史时期的时代特征。这个特定历史时期可以界定为培根所处的启蒙时代以来形成了新的世界秩序的时代。这个时代的特点包含了该时代所取得成就展示出的一系列特点：①牛顿力学影响下的经典力学呈现出来的"确定性"；②科学长期处于颠覆性发展状态；③资本主义繁荣中表现出的新教伦理。可以将这些特征分别概括为"持续进步的""确定性的""效率的但不腐败的"。

现代化是指在科学兴盛、技术发展的同时带来的工业化、信息化和城市化的社会变化。

马克思曾指出现代人的三重疏离：人与自然的疏离、人与社会的疏离、人与上帝的疏离。17世纪支撑科学崛起、机械论自然观形成的思想体系在19世纪繁荣顶峰过后，在现代性的冲击下逐渐走向了没落。资本主义精神是阶级文化的决定因素，现在的资本主义制度困难重重，主要体现在现代人的精神失落。

随着科学范式的变换、资本主义巅峰过后的调整、生态学的出现和进步，支撑传统的世界经济秩序和社会秩序的价值观发生转变，支撑传统价值观的二元论思想和机械论思想逐渐式微。因此，一场新的革命正在酝酿。

下面将讨论传统价值观在逐渐式微过程中走向终结的一些外在表现。

一、现代社会的精神面貌

首先，现代社会的精神呈现为一个激进的、进取的"我"克服着一个崇尚秩序与和谐的"我"。

激进的、进取的"我"不断地反抗人类专横的命运,试图改变人类的命运。在早期的基督教的诺斯替派和古代神话中的酒神节欢宴中,人们便已经表现出这个状态。到了现代社会,这种"心理学的唯我论"旗帜鲜明地反对社会对人的欲望的压抑。重造大自然、创造人为之物、提高人的主体性地位,成为"进取的我"的表达方式。"从根本上说,产业革命是技术秩序代替自然秩序,用功能与合理性的工程观念代替资源与气候的任意生态布局。"[1]这一切有两个根源:一是人类用技术去控制大自然的努力,二是人类企图用全新的生活节奏代替季节变化和土地收益递减规律制约的生活节奏的努力。

其次,现代社会中人的生存现实发生着变化。

现代社会中,人的生存现实经历了"大自然——工艺——社交界"的变化。在人类历史的大部分时期,大自然就是现实。后来,现实变成了工艺,它独立于人的存在而形成了一个具体化的世界,人们在制造机器改变自然界的同时,以物品为中心的群体生活也给人带来了权力感和胜利感。现在,人们面对的现实以社交界为主,满满是人也仅仅是人。一个激进的、进取的"我"造成了自己的人类中心主义困境,这也是现代社会的精神现状。

再次,现代社会精神世界失落表现为困惑越来越多。

对于人而言,困惑表现为明显感觉钱多了而需要花钱的地方越来越多,交到朋友的概率越来越大而知心的越来越少,每天接触的信息很多而只有极少的信息能映入脑海变成系统知识。对于社会而言,困惑表现为知识越分越细,一般人对世界的了解越来越少。

这实际上反映了现代社会带来的信息爆炸、人口增长、生态破坏使人不得不面对一些问题。其一,人们必须面对信息越来越多、实际获得信息(知识)越来越少的窘境,面对知识爆炸带来的信息选择与信息解释难题。其

---

〔1〕 丹尼尔·贝尔:《后工业社会的来临——对社会预测的一项探索》,高锋译,科学普及出版社,1997年,第5页。

二,扩张和膨胀充斥于生活,人们要面对更多的人际协调难题。杜克海姆第一个描绘了人与人之间接触增多的后果,他认为,这将使社会的道德密度增大,个人变得更自由和独立,但接触广度扩大的代价是接触深度相对下降。通信和交通运输的增加说明现代社会的生活越来越便利,但是自由流通的成本将越来越高,车的使用不再是生活水平提高的表现而是生活方式上升成本中的输送成本而已。其三,时间,这个效率值的分母在成本中占据的比重越来越大,因为但凡一个现代社会的人,在他的闲暇时间里都不可避免地成为一个经济人,"经济富裕通过时间这个后门,再次把效用引了进来"[1]。贝尔(Daniel Bell)把信息成本、人际协调成本、时间成本归结为后工业社会的"新的稀缺性"。

于是,技术批判、知识权力反思越来越多地占据了哲学思考的空间,现代社会也警醒着人们重新认识现在的生存状态以及背后的价值理念。

二、资本主义新教伦理走向没落

韦伯(Maximilian Karl Emil Weber)认为资本主义的精神来源是新教伦理。一种把个人职业放大为天职的精神信念成为资本主义精神在实践中合理存在的依据。

(一)新教伦理的弊病显现

韦伯将资本主义的精神内核归结为"理性"和"至善",并分析了这种理性和至善在清教徒中的表现。新教伦理的核心是"禁欲主义",这种禁欲主义就体现在"财富"与"宗教"的充满悖论的关系之中。

新教伦理强调固定天职和禁欲主义的重要意义在于"为现代化专业分工提供了依据"。这也是为什么不管清教徒如何否定,资本主义与科学技术

---

[1]　丹尼尔·贝尔:《后工业社会的来临——对社会预测的一项探索》,高锋译,科学普及出版社,1997年,第7页。

发展之间终归有着必然的联系。在前资本主义状态下,长期运转的企业保持着理性的运转,这种理性的来源也是清教徒对于自己的核心特质——禁欲主义的坚持。"享受人生的冲动,不管它的表现形式是贵族王公们的体育运动,还是普通平民在舞厅或酒吧的纵情欢愉,都会误导人们疏远履行天职的劳动,而且还会误导人们背离宗教,而其本身就是理性禁欲主义的仇敌。"[1]

但是,韦伯没有指出新教伦理自身存在的弊病,并且对资本主义精神中的弊病加以粉饰而不是客观认清。直至资本主义后期,垄断放大了这个弊病。

新教的禁欲主义是入世的,因而不可避免地走向极端。尽管新教徒每天都恪守宗教箴言避免陷入这样的极端,韦伯也将这个需要守护的核心观点明朗化:"对于这种入世的新教禁欲主义,我们可以这样的概括,一方面,它强烈地反对任意享有财富并且对消费进行限制,尤其是奢侈品消费。另一方面,他又具有将财富的获取从传统的伦理观的羁绊中解放出来的心理影响⋯⋯这场抵制肉体诱惑和贬斥依赖身外财物的运动,并不是针对理性获利的斗争,而是反对非理性使用财富的斗争。"[2]荷兰就是最好的例子,一旦消费的限制与获利活动的解禁相结合,就造成了过度积累资本的癖好:"凭借禁欲主义的强制借鉴来实现资本的积累。施加在财富消费上的种种限制,使资本流向生产性投资成为可能,而这自然会有助于增加资本。"[3]

新教禁欲主义的前身是隐修禁欲主义,而隐修制度的全部历史在某种意义上说,就是与财富的世俗化影响不断斗争的历史。新教伦理的核心要义就在于将"获取"财富与"节省"财富两者同步起来、平衡起来,如果出现了

---

〔1〕 马克斯·韦伯:《新教伦理与资本主义精神》,马奇炎、陈婧译,北京大学出版社,2012年,第52页。

〔2〕 马克斯·韦伯:《新教伦理与资本主义精神》,马奇炎、陈婧译,北京大学出版社,2012年,第172页。

〔3〕 马克斯·韦伯:《新教伦理与资本主义精神》,马奇炎、陈婧译,北京大学出版社,2012年,第174页。

此消彼长,曾经的新教伦理就不复存在了。这个原则可以称为"对现世和彼岸世界等量齐观的原则"。但是,这个此消彼长似乎有时不可避免地存在,似乎资本主义真的放出了潘多拉的盒子的东西,而这个东西本来就只能以封存的形式存在。神学家卫斯理(John Wesley)也曾经就这个问题表达过担忧:"我所担心的是,不论哪里的财富有所增长,哪里的宗教精髓就会以同样的比例减少。因此,就事物的本质而言,我看不出真正的宗教可以有任何持续长久的复兴。因为宗教必定产生勤勉和节俭,而这些又不可能不产生财富。但是,随着财富的增长,自傲、愤怒和对现世的眷恋也会四散蔓延。"[1]这么看来,科学的发展、资本的兴盛与宗教之间总是矛盾的,新教伦理走向没落也是必然的。

(二)资本主义精神没落外现为消费主义文化盛行

曾经的资本主义新教伦理的精神内核的没落体现在对人对自然的无限欲求上,这种没落以一种人类生活方式外现,即资本主义的消费主义文化。

贝尔在论述工业社会文化时指出,19世纪是资本主义文明的最高峰,这个资产阶级社会是一个综合整体,它的文化虽然是以自我提高为轴心的,但是确实被一种单一的价值体系融合在一起。融合的根源是新教伦理的节俭、自律等社会伦理。"(资本主义社会)这个结构是在推后满足的思想、献身和节俭节制思想的基础上形成的,是一种被服务于上帝的道德观念和证明自我价值存在的观念所神圣化了的结构。"[2]但是有讽刺意味的是,所有这一切被资本主义自身的发展削弱了。"大规模生产和大规模消费所促成的享乐主义生活方式,毁灭了新教伦理。于是,社会结构本身出现了裂痕。在生产和劳动方面,该体系要求勤勉、节俭和自制,要求献身于工作,追

---

〔1〕　马克斯·韦伯:《新教伦理与资本主义精神》,马奇炎、陈婧译,北京大学出版社,2012年,第176页。

〔2〕　丹尼尔·贝尔:《后工业社会的来临——对社会预测的一项探索》,高铦译,科学普及出版社,1997年,第10页。

求事业的成功;另一方面,在消费方面,它却鼓励及时行乐、鼓励挥霍炫耀,迫使人们去寻欢作乐。"〔1〕这样的伦理体系彻底是世俗的,因为任何超然的伦理观念都已经不复存在了。

资本主义的价值体系现在已经相当空洞。原因在于资本主义的精神源泉新教伦理与资本主义的现实后果享乐主义之间的矛盾日益加剧。贝尔指出,以"个人自由"为中心的价值观念本身有着深刻的反资产阶级性质,一种"我向思维"引导下的后工业社会缺乏一个牢固的新的道德体系。

---

〔1〕 丹尼尔·贝尔:《后工业社会的来临——对社会预测的一项探索》,高锋译,科学普及出版社,1997年,第11页。

第二节　人类价值观困境

功利主义和消费主义作为充斥于我们现代生活的表现强烈的人类价值哲学,是科技发达后资本主义自由化的结果。同时,它也出现了难以为继的局面,作为旧思想最终将走向萎靡。

一、功利主义的困境

(一)理论困境

功利主义在人类的思想史上具有独特的影响力和重要的地位。在讨论任何涉及人类长久发展的伦理问题时,功利主义都是一个绕不过去的山峰。功利主义强调的"最大多数人的最大幸福"是什么意思呢? 首先,命题中的"幸福"是个体的主观感觉,并且可被量化;同理,痛苦也可以被量化。其次,功利主义将每一个个体都视为是同质的,同一事物给不同的人带来的幸福感被视为是相同分量的。最后,衡量或评价一个人的行为是否得当,不是看其本来动机如何,而主要看行为的结果是否增进了幸福。

功利主义命题,在理论上、实践指导上都在当代社会遭受了很大质疑。罗尔斯批判其将"一个单一个体的选择原则无限制扩展到了社会层面",但是这个批判是理论层面的;对于功利主义带来的后果,西方不少后现代哲学家进行了批判,其重点是功利主义带来的环境恶化后果。在义务论、直觉主义冲击下,功利主义一度式微,古典功利主义迈向了新功利主义(现代功利主义)。为回应义务论与直觉主义的挑战,现代功利主义主要从两个方面修正了古典功利主义的困境:第一,减少"幸福"内容的形式性成分而增加实质性成分;第二,实现功利价值的可测量。尽管如此,在应对和解决新出现的诸多问题时,现代功利主义逐渐暴露其无法避免的缺陷。

现代功利主义所追求的最大化原则可能导致一些违背基本道德准则的行为发生。比如,甲身患绝症,濒临死亡,他授权乙在其死后将其尸体喂给一头快要饿死的野狼。甲死后,乙发现一群即将饿死的十只孟加拉虎虎崽,便把甲的尸体喂了虎崽。按照功利主义的原则,乙救活了十只对人类有科研价值的老虎,其行为是正当的。但乙的行为是否道德?这是一个困境。

(二)社会危害与思想危害

1. 功利主义盛行的危害可以从历史上人类的科技狂欢说起

功利主义的盛行与人类的技术发展平行:在人类的技术狂欢中,人类的价值观是非颠倒,将旧时代的道德规范修正为功利第一。在 20 世纪初期,西方世界并没有从人类的科技狂欢中警醒,功利主义下是非颠倒的价值观带来的是无尽的环境破坏。"只认金钱、价格、资本和股份,而环境,就像其他很多人类生存的要素一样,被认为是抽象的东西。"[1]芒福德在西欧各大博物馆的调研中发现,在美国,煤烟所造成的损失每年约 2 亿美元(1934年);匹兹堡在煤烟环境中为保持清洁,每年的支出估计如下:"额外的洗衣费 150 万美元,大扫除耗费 75 万美元,额外的门帘、窗帘清洁费 36 万美元。此外,还没有计算建筑物腐蚀所造成的损失、烟雾期间需要照明的额外支出、由于阳光不足使健康和活力受影响所造成的损失。"[2]而在 1930 年比利时上默兹区的一片慌乱中,65 人因为硫酸酐的浓烟而死亡。在西方工业发展的第一个百年,整个社会是如此的短视,以至于没有人关心副产品的回

---

[1] 刘易斯·芒福德:《技术与文明》,陈允明等译,中国建筑工业出版社,2009 年,第 156 页。
[2] 刘易斯·芒福德:《技术与文明》,陈允明等译,中国建筑工业出版社,2009 年,第 156 页。

收利用,尽管富兰克林曾经建议将煤烟进行二次利用,但是新厂商仍然未作出任何努力。最后的环境就不可避免地变成了这个样子:"溪流无法带走的废物,若不能用于填充工业城市新区中的小河或沼泽,就会任其自然地堆积成山,分布在工厂的周边……一些小河,诸如泰晤士河及后来的芝加哥河,几乎变成了开放的下水道。"[1]

之后,功利主义的危害在人类的生产结构中、人类的生存发展过程中更是无所不在。地区专门化也可以看作功利主义盛行的一个产物。这个产物给工业巨头带来了滚滚的财源,其代价却由全社会来承担:农业开始萎缩,工业单一化,一旦单一工业衰退就意味着一个地区的人们的生活崩溃。人们苦不堪言:首先是疾病的困扰,"新工业城镇成为疾病的温床。伤寒杆菌或者通过私人或公共下水道而渗入土壤并进入贫穷人群的饮用水井,或者经由用作下水道出路的河流而直接泵出作为水源。在引入氯气处理以前,有时市政自来水厂竟然是主要的传染源。污秽与黑暗引起的疾病泛滥:天花、斑疹伤寒、佝偻病、肺结核"[2]。其次是人的异化,工人的预期寿命比中产阶级少 20 岁,这个还不是最可怕的,可怕的是工厂体系对人的"阉割体系"——工厂工作的人们被要求服从刚性纪律和单调工作,因而需要放弃人与生俱来的散漫习惯和能力特点以服从及其体系;工人越有能力,就越有可能自我觉醒且难以管理,当然也就越难于融入机器体系。

2.功利主义催生了机械论的自然观

人们在一种功利主义的价值需求论的指引下,逐渐走向了机械主义。"机器体系虽然增强了人的操控能力,同时也造成了一种无往不胜的错觉。科学和技术使我们的道德观变得更加僵化了。"[3]在机器身上人们找到了一种秩序,牺牲的却是人类从自然中主动挖掘和创造的想象力。与此同时,

---

〔1〕 刘易斯·芒福德:《技术与文明》,陈允明等译,中国建筑工业出版社,2009 年,第 157 页。
〔2〕 刘易斯·芒福德:《技术与文明》,陈允明等译,中国建筑工业出版社,2009 年,第 157 页。
〔3〕 刘易斯·芒福德:《技术与文明》,陈允明等译,中国建筑工业出版社,2009 年,第 283 页。

人类的生活、行为甚至思维方式全部受机器的摆布。"如果人不能够做到比机器更强的话,他就被降格到了机器的水平,就是一个麻木、奴性、卑微的存在,只能做出最起码的神经反射和被动的、没有选择的反应。"[1]芒福德将机器摆布下人们的反抗视为一种新秩序,"这个新秩序的价值在于,它通过心理投射的方式给了人一个外部的世界,帮助他改造自己热烈而自发的内心渴望"[2]。这个新秩序的含义包括早期的浪漫主义和后期的环境保护运动及绿色思潮。浪漫主义[3]中寻找的、自然崇拜论中遵循的恰恰是机械论时代被排挤在科学概念和技术方法之外的亲近自然的属性;正是功利主义的价值思维使自然的内在价值被忽视、自然的属性被人们遗忘,浪漫主义成为人类生活中的代偿渠道,填补着人类天性中亲近自然的欲望和对大自然的向往。

3. 功利主义在当代的危害体现在人与自然的关系中

在环境保护过程中,如果国家功利主义与区域集团相结合,就会造成发达国家与发展中国家的利益分化加剧,就会出现不合理的国际政治经济秩序,造成国际社会对资源的不合理开发和利用、不公平竞争,激化已然纷繁复杂的国际矛盾。个人功利主义把自己看成一切经济活动的中心,人们在对自然资源的开发、利用和共享上无法与他人协调和达成共识。在功利主义的指导下,人与自然的矛盾加剧。如果只考虑眼前的利益,不考虑人类长远利益和整体利益,人们必然是不顾一切地征服自然和掠夺资源,从而破坏生态环境,导致经济发展与环境失调。

在功利主义的引导下,人与自然之间的矛盾被转化成人与人之间的矛盾。而这样的转化极大地增加了解决人与自然之间的矛盾的成本,降低了

---

〔1〕 刘易斯·芒福德:《技术与文明》,陈允明等译,中国建筑工业出版社,2009年,第283页。

〔2〕 刘易斯·芒福德:《技术与文明》,陈允明等译,中国建筑工业出版社,2009年,第283页。

〔3〕 芒福德所指的浪漫主义包括历史崇拜和国家主义、对于大自然的崇拜以及对于原始的崇拜。

解决环境污染、生态破坏问题的效率。

二、消费主义的困境

伴随着新教伦理中禁欲主义的没落,人类迎来了消费主义的"盛宴"。二战以后,人类进入了第三次科技革命,全世界处于相对和平的时期,生产力又一次得到极大的发展。和平与发展成为时代主题。整个经济活动包括生产、分配、交换、消费四个环节。美国、欧盟等发达国家和地区都是以需求推动供给的,也就是以消费推动生产来促进经济的发展,并逐渐形成了以消费主义为核心的经济发展模式。

(一)认识上的危害

1.消费主义逐渐割裂了人对社会发展整体性的认识

在消费主义引导下,出现了幸运的成百上千的亿万富翁,但也有成千上万的人无家可归。消费社会的诱惑是强有力的,甚至是不可抗拒的,但它也是肤浅的。收入和幸福之间存在的任何联系都是相对的,人们通过消费获得的幸福感或许就建立在与邻居的比较之上。或许在上一代人看来是奢侈品的东西,在这一代人那里就成了必需品;上一代人通过他们当年设立的标准来衡量现在的物质生活舒适程度,所以每一代人都需要拥有比前人更多的东西才能满足。随着消费水平的不断提高,社会已经难以给出一个有关体面生活的标准定义,因为在消费社会中处于较高地位的人,其生活必需品的档次会无止境地向上移动。人们的需要总是被社会中在经济上占优势的人群引导,并且随着经济的增长而不断提高层次。

高消费是否一定意味着幸福? 生活在21世纪的人比生活在20世纪初的人要平均富裕三到四倍,但并不见得今天的人比过去的人要幸福多少。现代心理学研究成果表明,个人的幸福感与消费之间的关系几乎是微乎其微的。决定幸福感的因素是社会关系和闲暇,而这两个东西在人们奔向物质富裕的过程中变得枯竭。身处消费社会的人们往往会感觉到物质消费并不能填补其社会需要、心理需要和精神需要。消费主义指导下的社会发展模式,已经越来越不能兑现它通过物质舒适而使人达到精神满足的承诺了,因为人类的欲望是不可能被完全满足的。

2. 消费主义逐渐割裂了人对自然整体性的认识

消费社会的增长轨迹是一条上扬的曲线,与此同时,环境污染、生态破坏也是一条上扬的曲线。在消费主义的撺掇下,人们会对资源进行掠夺式开发。在自然资源占有者和不占有者之间,物质消费上的显著差别就体现在他们对自然的影响上。而消费主义的逻辑不是遏制自然资源占有者,而是进一步放大不占有者的需求,激励他们向自然资源占有者迈进。

能否找到一条合理的发展路径,让人们在不损害地球自然健康的情况下过一种满足而舒适的生活? 可持续发展道路成为全世界解决这个矛盾的共识。但要把一个消费社会变成一个可持续发展的社会,困难极其之大。它不再是一国一人的责任,而是全世界每一个国家、每一个地球人的责任。但是现在的实际是,几乎所有发展中国家的人们都渴望过上美国式的发达国家的消费生活。这种正当生活追求又怎么能阻挡呢? 工业革命以来,几百年的经济发展的惯性和人们对于幸福生活的渴望,都是站在增加消费这一边的。

所以,我们正处于一个困境之中,并且一时之间还找不到合适的解决办法。对于那些已经十分富裕的人以及发达国家,限制消费主义的生活方式在道义上是毋庸置疑的,但是在政治上几乎是不可能的。向全世界推广这种消费主义的生活方式,只会加速环境的恶化,加速地球上整个生态的毁灭。从某种程度上来说,人类现今的发展,是建立在消耗数代前人积累的资源和提前消费本应留给后代人的资源的基础上的。

（二）现实困境

长期以来，人口急剧增长和高消费都是生态环境恶化的主要原因。当今世界几乎所有人都认为人口急剧增长是一个影响发展的问题，而普遍把消费看作一件好事，因为消费增长几乎是所有国家出台经济政策的首要目的。这样的发展观念源自美国，之后流行于几乎所有要实行工业化的国家或地区。现在，消费已渗透到社会价值之中。在美国、中国、日本、欧盟，人们正在以消费数量来衡量个人的成功，并且这样的势头还将持续。

要使我们的发展能够延续到我们的子孙后代，将来的生态环境和自然资源能够保障他们的生存，那么以消费主义为主导的市场经济发展模式必须得到纠正，即大幅度地削减所使用的资源。在削减资源后，经济增长点一部分转移到高精尖产业，即开发高质量、低消耗的耐用品，节制人们的消费；另一部分转移到服务业，即通过闲暇、人际关系和其他非物质途径来满足人们的需求。要改良消费主义主导的社会，我们就必须转变现有的消费方式。实现这一转变的条件是科学技术的进步、法律的健全、工业的重组、国际贸易规则的重新制定等。总之，我们要改变价值观念，在承认自然价值的基础之上重新审视人与自然的关系。

第三节　价值哲学的生态转向

面对价值哲学的困境，人们开始从"价值存在"的角度思考自然的整体性价值，从"价值目的"的角度思考自然对人的实践价值。

一、整体论转向

整体论是人们在思考整体与局部的关系时所秉持的一种观念。整体论认为，整体具有各个局部所没有的特质。

整体论思想古已有之。庄子批评诸子学术"后世之学者，不幸不见天地之纯，古人之大体，道术将为天下裂"（《庄子·天下》)，亚里士多德讨论正义之时就曾提出"整体并不等于部分之和"，先哲的话语蕴含着深刻的整体论思想。整体论这一哲学术语，最早由英国人斯马茨(Jan Christian Smuts)于1926年在其著作《整体论与进化》中提出。他将整体论作为一个与机械唯物论相对立的概念加以运用。

随着科技的发展，整体论与还原论(机械论)产生争议，这个争议促进了整体论的新发展。争议点在于对"突现"问题的解释。还原论认为，整体均可以还原成局部，复杂的东西可以还原为简单的东西加以理解和推演。达尔文的进化论激发了机械论哲学和社会进化论思潮再起，并从生物学方面补足了机械唯物主义的论证，使得人们的自信心极度膨胀。达尔文简单地将博物学的观点不加限制地推广到生命机体的研究中，独断地认为生命机体的各种活动不论是物理的还是生理与心理的，都可以解释为分子的运动、机械的运动或化学的能量变化。[1]　整体论则认为,整体相对于部分具有"突现"出的新特质,这些特质是无法从局部加以理解和预测的。斯马茨充分且强有力地表达了反还原论的整体主义的思想立场。斯马茨的整体论是从生物学、人类学角度对当时兴盛的机械世界观的批评和回应,指出机械论在生命研究中的错误就在于没有把生命看成有机整体去解释已然呈现但从局部无法理解的事实。斯马茨整体论的提出在当时是有进步意义的。正是对"突现"的不同理解,才进一步强调了整体论的特质——"整体不等于局部叠加之和"。

　　哲学出现整体论转向的基础是马克思的普遍联系哲学思想。自然界一切事物、一切现象都不是互相隔绝、彼此孤立的,而是相互、普遍联系的。自然的各个组成部分以各种各样的联系组合在一起,形成了一个复杂的整体。其中,有的是直接的联系,有的是间接的联系,有的是本质上的联系,有的是非本质上的联系。构成事物整体的各个部分之间的联系是复杂的,它们作为一个整体存在而凸显出独特的价值。这种整体性在人们认识世界、改造世界的过程中逐渐被弱化,因为人对自然的能动性越来越强,似乎人已经将自己的意志赋予了自然,使自然按照自己的意志去发展。殊不知,自然先于人而存在,人本身也是自然的产物,人现有的意志也是在自然中产生的,人所谓强加给自然的意志,本质上说也是自然发展的一种现象而已。

　　哲学出现整体论转向后,反过来作用于自然观领域。首先,近代学者重新对 17 世纪的万物有灵论以及生机论进行研究。雷伊(John Ray)认为,动物和植物的存在是为了享受它们自己的生活,它们的价值与生命权并不依赖于它们的工具性功能。伊文斯(Edward Payson Evans)从宗教和伦理学关系的角度揭示了伦理学变革的基础。伊文斯的观点与有灵论认为"宇宙

---

〔1〕　W・C.丹皮尔:《科学史及其与哲学和宗教的关系》,李珩译,商务印书馆,1975 年,第 423 页。

中所有事物之间都存在某种精神上的亲属关系"〔1〕一样,但是伊文斯把这种亲属关系视为伦理关系的基础。缪尔发现了大自然的整体性依据;斯马茨充分表达了反还原论的整体主义的主张。其次,人们对自然的认识从个体层面拓展到生态系统和生态群落。从整体上认识自然,就是把握联系性,从小整体到大整体,从一个事物的局部到其整体。我们从整体上认识自然,承认自然本身的价值,就是在重新考虑人在整个生命圈中的地位,思考怎样维持一个适宜于人类长久发展以及革新的环境。这既是保存人类物种的需要,也是对人类自我膨胀状态的一种限制。

二、实践论转向

自然作为人类实践场所,在马克思的哲学中非常重要。根据马克思的描述,单纯的自然物质,只要没有人类劳动物化在其中,也就是说,只要它是不依赖于人类劳动而存在的单纯的物质,它就没有价值,因为价值不过是物化劳动。也就是说:自然物若不与人类劳动发生联系,价值也是不存在的。这实际上是一个误区。将马克思的在经济学层面的"劳动价值论"无限制地推广到价值哲学的层面,本身是违背马克思本意的。有关自然价值的探讨,实际上是哲学意义上的探讨,我们应当从马克思的实践思想层面综合考虑这个问题。

马克思认为,实践是人认识世界和改造世界的前提。实践哲学方法论就是人以实践为起点,以实践改造过的存在内部规律为方法去理解当今现实事物的本质和规律。实践观念和实践存在的同一,是人类思维的核心。为此,既要认识到事物当前的、现在的"质"的稳定性,又要认识到这种不变性是暂时的。

以上关于实践论的描述,我们可以称其为传统的实践论观点。因为在

---

〔1〕 罗德里克·纳什:《大自然的权利:环境伦理学史》,杨通进译,青岛出版社,1999 年,第58 页。

实践之中,只有"人"这个主体得到充分重视,而自然仍然作为人改造的对象。那么,修正后的实践论应当具备什么样的特质呢?

1.人既是实践活动的参与者,又是实践活动的观察者

传统实践论强调人作为唯一的实践主体参与实践活动,并以人为尺度衡量自然,便忽视了自然的主体性。在新的实践论视角下,人的角色转变,人不仅要以自己为尺度衡量自然,也要以自己为尺度衡量自己;然后再从自然整体的角度衡量自然、衡量人。这在传统实践论者看来一定是一个悖论:人如何能超越人的局限,站在上帝的视角审视一切呢?因为人具有主观能动性,可以不断深化认识,不断修正已有认识,这本身就是人对自己的能力的超越。那么,人为什么具有衡量万物的能力?因为这种能力是自然赋予人的独特能力,人的一切能力都是在自然中产生的,人是唯一可以理解和观察自然的智慧体。

2.实践活动本身就是人与自然融合接触的内部运动

人类从诞生起就是在自然当中,大自然的规律造就了人。人产生之后,通过发挥主观能动性,获取生存资源,这就是整个生态系统内部的运动。最初,人类的能力比较弱小,而今天人类的能力已经异常强大,占据了这种运动的核心,吞噬了大量其他生命圈内的生命体的生存空间。所谓荒野的自然,已经逐渐被人化,其存在的目的是为人的生存而服务。殊不知,这种内在运动正在毁灭人类自己,使原本适宜人类生存与发展的自然环境逐渐恶化。这只是对人类自己构成危害,对自然而言,或许就只是演化过程中的一个小插曲。

3.实践的核心就是承认自然的价值

自然的价值不再是一般意义上对人的价值,而是自然本身存在而有的价值,即人类刚产生之时其就具备的适宜人类的生存和发展的价值,以及作

为地球一部分的价值。我们承认自然的价值，就是在强调地球的唯一性，以及适宜人类生存的环境的唯一性。我们希冀随着环境的变化，人类也能够应对自如，但以人类目前所掌握的科技、科学、宗教、文化等认识手段，其无法超越局限。

4. 新的实践活动就是要解决人与自然之间的尖锐矛盾

人与自然之间的矛盾之所以如此尖锐，就是因为人口急剧膨胀，人类所需要的资源自然已经无法充分供给。人的实践活动，目的就是获取可以支持人类生存和发展的资源，这些资源只能在自然中寻找，而自然中到底还存不存在可以为人类发展带来新契机的资源？这有赖于人类科技水平的提高。所以，新的实践活动就是在敬畏自然的前提下不断深化对自然的认识，在人类与自然之间建立更多的联系。

那么新的实践活动当如何展开呢？首先，培养整体性思维，它是新的实践活动的基本思维。其次，处理好自然的历时性和共时性之间的关系。一方面，关注我们已然发现的自然规律、已然知晓的自然特征；另一方面，考察在同一时间段不同地域内出现的不同问题。再次，实践的过程不是简单地否定过去实践经验的过程，而是要批判地继承和吸收过去的实践经验，从而更好地认识和把握自然的价值。最后，实践活动需要正当的程序和规则加以约束。实践活动必须是规范的、有秩序的，不能处于一种无序盲目的状态。

第四章

传统中的新路径：自然价值的转型与变革

在机械论自然观盛行的 17 世纪，人们对自然价值的重视体现为有机论的复活。新柏拉图主义继承了柏拉图的自然观，调和了传统有机论与机械论之间的矛盾，调节了自然神灵与逻各斯的冲突。

　　19 世纪，西方社会开始从价值角度重新审视自然问题。因而，自然价值问题成为一项研究范式而在学界受到重视是在现代性危机〔1〕之后。面对自然资源即将消耗殆尽的严重状况，西方社会开始重新审视自然价值这一观念本身的独特内涵。对自然价值的重新审视首先以现代性批判〔2〕的视角出现，康芒纳从技术批判角度对自然价值进行了论述。其次是生态伦理学领域的两个重要人物利奥波德、罗尔斯顿促进了自然价值的变革，主张对自然价值进行革命式的重新认识；特别是罗尔斯顿，界定了自然界存在的十种自然价值。

---

　　〔1〕　现代性危机：指人的危机导致的生态危机、社会危机等。在本书中，现代性危机主要指生态危机。

　　〔2〕　现代性批判：指对工业社会以来的社会问题的批判，以法兰克福学派的批判理论为代表。法兰克福学派以对现代资本主义社会进行综合性研究与批判为主要任务。

第一节　有机论与机械论博弈中的自然价值

一、新柏拉图主义中的自然价值思想

在 17 世纪机械论自然观如日中天的同时，古希腊的有机论自然观在新柏拉图主义[1]那里得到了传承。

新柏拉图主义是一种调和的理论。这种调和实际上是万物有灵论（泛神论）和"死寂而无灵魂"的霍布斯的唯物主义之间的调和，目的是寻求一种适中的理性哲学。这种调整后的哲学体现在两个方面：一方面，保存自然的基本的有机性质，即承认自然的内在价值；另一方面，与万物有灵论者的世界相伴随的不可预见性被减小到最低限度。新柏拉图主义意图走出培根和笛卡儿的思维定式，向古希腊智慧寻求走出机械论的路径。

新柏拉图主义的代表人物是摩尔（Henry More）和卡德沃斯（Ralph Cudworth）。摩尔和卡德沃斯基本上继承了希腊哲学中斯多葛主义[2]后期的折中主义的观点，对自然神灵与逻各斯进行了调和。他们认为，单纯地利用自然和完全地遵从自然的自发规律都是不对的。他们试图"使旧的有

---

〔1〕　新柏拉图主义：起源于希腊哲学与东方神秘主义的交会地埃及的亚历山大城，兴盛于剑桥柏拉图学派，他们在对洛克的机械论自然观进行抨击的同时，也修正了柏拉图有机论中"自然是动物"的概念。尽管支持文艺复兴的卢梭（Jean-Jacques Rousseau）等人对科学和工艺以及人与自然的关系格局很是忧虑，但是他们的回归自然的闪念在机械论的裹挟中显得过于单薄。

〔2〕　斯多葛主义：古希腊和罗马时期流行的一种思潮。约于公元前 300 年由基底恩的芝诺创立，因其在雅典画廊下讲学而得名斯多葛。斯多葛主义在伦理学上主张禁欲和绝对的善，对待自然主张完全地顺应自然——因为人的美德就是完全顺从命运的摆布。

机论哲学适应前工业资本主义时期新的社会和管理要求"〔1〕。他们认为,自然在本质上是一种植物性构成。他们的目的是用"世界具有活力的植物性质"来跨越本体论的鸿沟。"如果取消了笛卡尔体系中的上帝的作用,那么结果就是无神论,或归于霍布斯主义者的那种盲目的机械论。把有活力的植物的可塑性赋予世界,就避免了宗教狂热和唯物主义的危险。"〔2〕

摩尔于 1653 年提出了有机宇宙论。该理论认为:有四种被创造的精神存在于神之下,依次分别是天使、人、动物的灵魂、低等植物生命形式中可塑的本质。首先,他强调自然是植物性质的,并且具有可塑性。他秉承了有机论中〔3〕关于有活力的有机生命的理论。摩尔认为,"本身惰性的和无感觉的"物质需要一种精神的实质来推动。不同于以往的亚里士多德哲学,"这种可塑的性质中并没有引入任何灵魂理性,自然不再被看作泛神论和宗教狂热哲学中的活着的动物,只有活的植物的性质被保留"。其次,摩尔认为自然的存在价值是神赐予人类的。他将人类利用矿石煤炭和石料等天然资源的行为看作神的天意与人的理性相结合的例证,以及防止代达罗斯父子那样的灾难〔4〕的例证。"神鼓励人利用自然……植物、动物、人体及天体结构与精美都是神赐予宇宙的自然秩序的例子……牛和马赐给我们拉车,滑轮和动力机械赐给我们来提升重物,所有这一切都能用于把'大地的果实'带回家。"最后,摩尔认为人面对自然这个植物时是侍者身份,"神是创造

〔1〕 卡洛琳·麦茜特:《自然之死——妇女、生态和科学革命》,吴国盛等译,吉林人民出版社,1999 年,第 186 页。

〔2〕 卡洛琳·麦茜特:《自然之死——妇女、生态和科学革命》,吴国盛等译,吉林人民出版社,1999 年,第 269 页。

〔3〕 有机论:17 世纪活跃在化学领域的唯心主义派别,用生物体组成物质所存在的一种"活力"来区分有机物与无机物,进而解释生命过程。有机论认为,生物体外的物质为无机物,可以用化学方法分析和合成;构成人体、动物体及植物体的物质是有机物,有机物不受自然规律支配,而受超自然、超物质的"活力"所支配,具有不可合成性质,人们只能分析、认识它而不能制造它。有机论对传统机械论构成挑战。

〔4〕 代达罗斯父子的灾难:代达罗斯父子均为希腊神话人物。代达罗斯是希腊神话传说中具有非凡技能的工匠,为克里特的弥诺斯(Minos)国王建造过用以禁闭牛首人身怪物弥洛陶洛斯的迷宫。弥诺斯将他囚禁起来,但他为自己及儿子伊卡洛斯做成双翼,他成功飞离,伊卡洛斯由于蜡翼被太阳烤化而落海溺死。代达罗斯喻示着技术带来的灾难。

的规划者、指挥者和监督者,人作为它的侍者从根本上对它负责"。[1]

卡德沃斯提出宇宙构成的斯多葛主义,他设想整个世界不是一只动物而是一棵巨大的植物,这棵植物有它的生命起源和可塑性,但没有任何有意识的理性来安排这个整体。

自然价值在安德里亚(John de Andrea)的有机乌托邦那里得到了传承。《基督徒城》[2]的作者安德里亚相信:人不是被选出来"只是吞没草原"的野兽。安德里亚描绘了一个"共同体",即由基督徒组成的城市。在安德里亚的"共同体"中,自然被模仿了,天地成婚,科学在基督徒城里为人民服务。

但这种调和理论存在弊端。新柏拉图主义虽然调和了有机论与机械论之间的矛盾,调节了自然神灵与逻各斯的冲突,但是这种调和本身处于两种将就的状态,使得这种调和观点成为后人攻击对方观点的基础。例如,摩尔的有机宇宙论是有机论对机械论的适应,最后它不是发展为承认自然价值的有机论,而是发展为控制自然的管理哲学的基础。又如,德尔海姆(Derham)在《物理—神学》中认同人的"侍者角色"。侍者角色是指在人与自然的关系中,人的角色是地球的侍者而统治着大自然,人处于尘世的顶端,被赐予了统治动物世界的优越地位;上帝是自然界的维护者和统治者,人是地球的看护人和管家。这样的观点又回到了培根哲学关于"上帝荣光"的基础论断上。因此,调和并不是根本的解决办法,必须重建自然价值秩序,来应对更复杂的人类挑战。

---

〔1〕 卡洛琳·麦茜特:《自然之死——妇女、生态和科学革命》,吴国盛等译,吉林人民出版社,1999 年,第 269 页。

〔2〕 在西方空想社会主义思想史上,英国的莫尔(Thomas More)1516 年所著的《乌托邦》、意大利康帕内拉(Tommaso Campanella)1601 年所著的《太阳城》、德国的安德里亚 1619 年所著的《基督城》被誉为"空想社会主义的三颗明珠",也被称为"乌托邦三部曲"。

二、机械论自然观下的自然价值流变

在机械论自然观对人的价值取向产生影响之前,自然价值[1]保持了很好的传承发展。最初,自然价值的理念在古老有机论中得以体现。古代有机论实际上是一种"原逻辑思维"。在原逻辑思维中,一切现象保持一种神秘的互渗关系,如纯粹自然的客观的东西是不存在的,山、河、风、云、雷电、土地,不单是人类生活的环境、舞台和生活资料的源泉,其本身也有一种神圣的生命力,能像人一样密切行动、为善为恶。但是随着生产和部落组织的分化演进,"物力说"自然观逐渐演化成"物活论"观念以及种种拟人化的自然观。希腊神话就是最好的例证。到了斯多葛哲学那里,自然观变成了自然、灵魂与逻各斯的折中主义。一方面,他们强调研究目的是终极的伦理学,即善;另一方面,他们开始思考这种善与逻各斯的关系。斯多葛派认为,最一般的自然本能是自我保存,有助于自我保存的东西具有一定的价值。他们认为善即是依照自然而活。希腊末期,有机自然观分化为三个传统,即斯多葛主义、柏拉图主义、亚里士多德主义。

17世纪,面对机械论的权力控制,有机论的观点始终没有消失,只是不受重视了。"有许多替代的哲学可资使用(亚里士多德哲学、斯多葛主义、神秘直觉主义、隐修主义、巫术、自然主义和万物有灵论)……它作为一个重要的潜在的张力而保护着。"[2]它影响了启蒙运动中的浪漫主义、美国的超验主义、德国的自然哲学概念、马克思的早期哲学、19世纪的生机论等。

19世纪,面对西方自然资源消耗殆尽的危机,西方社会开始重新审视自然价值。伊文斯(Edward Payson Evans)从道德进化的历史以及基督教

---

〔1〕 自然价值:这里指古代自然观中蕴含的自然具有存在的价值和意义的思想,主要指自然的内在价值。

〔2〕 卡洛琳·麦茜特:《自然之死——妇女、生态和科学革命》,吴国盛等译,吉林人民出版社,1999年,第249页。

的角度批判了二元价值的不合理性。"追溯道德进化的历史，我们发现，对彼此的权利和义务的认可，最初只限于一个部族或部落的成员，然后扩展到崇拜相同的神的人，并逐渐扩大至包括每一个文明的民族，最后发展到至少在理论上把所有民族的人都理解为团结在一种兄弟情谊和仁慈同情的共同纽带中；这种共同纽带的范围现在已缓慢地扩展，不仅包括高等动物，还包括所有有感觉的有机生命。"[1]19世纪早期的浪漫主义文学回到传统有机论，认为"有生命力的有活力的基质把整个造物结合在一起"，"美国的浪漫主义者爱默生把荒野看作精神洞察力的源泉，梭罗发现异教徒和美国印第安人的泛灵论把岩石、池塘、山脉看成是渗透着有活力的生命的证据"。[2]克莱门茨（Frederick Clements）的植物演替理论认为植物共同体生长、发展和成熟非常像单个有机体。

传统的机械论自然观逐步被现代社会瓦解，古老的有机论在这个潮流下复活，人们对自然价值的认识逐渐从片面地强调自然的工具价值的阴影下走出，学者也多次进行走出机械论认识的尝试。人们在构建价值体系之初，虽然受到了二元哲学思想的影响，但是随着时代的发展，二元对立的思维逐渐被多元思维所代替。"价值究竟是主观的还是客观的"这一难题，不再被看作有意义的，因为价值哲学也经历了从价值主客体二元对立到多元价值并存的转变。

广义价值论试图将自然价值的争议焦点用一个广义的价值概念来解决。余谋昌试图从进化论的角度对自然价值进行重建。他强调，自然本身是世界万物的创造者，物质进化是渐变与灾变的统一。按照这种进化观点，"存在着四类创造价值的过程：自然界的物质生产创造生态价值；人口生产创造人才价值；社会物质生产创造劳动价值；知识生产创造智能价值。按照

---

〔1〕 罗德里克·纳什：《大自然的权利：环境伦理学史》，杨通进译，青岛出版社，1999年，第59页。

〔2〕 卡洛琳·麦茜特：《自然之死——妇女、生态和科学革命》，吴国盛等译，吉林人民出版社，1999年，第321页。

热力学熵定律,自然界向无序的方向发展。这是地球混乱增加、自然价值减少的过程"[1]。按照他的观点,地球价值在增值,因为地球不是一个孤立的系统,"太阳能的不断输入,成为反熵的麦克斯韦妖,使它成为一个自组织系统"[2]。植物的价值体现在光合作用中,它能通过光合作用把水、二氧化碳和其他物质转变为碳水化合物,因而具有非常高的价值。文化价值是人创造的价值,它既是自然产生的也是社会产生的一种价值。

---

[1] 余谋昌:《自然价值的进化》,《南京林业大学学报(人文社会科学版)》2002年第9期。
[2] 余谋昌:《自然价值的进化》,《南京林业大学学报(人文社会科学版)》2002年第9期。

第二节　工业社会批判中的自然价值

工业社会批判是现代性批判的一个支流,核心代表人物是康芒纳。康芒纳在 1974 年出版的《封闭的循环——自然、人和技术》一书中主要批判了资本主义社会的虚假消费和技术,同时表达了他对自然价值的态度。

首先,康芒纳批判了虚假消费。康芒纳研究了美国公民 1945—1968 年的消费情况。选择这一时段,是因为他认为二战是技术的分水岭,由于战争需要,在科学阵营与技术阵营之间发生了导向性的转变。同时这个时期也被称为美国的黄金时代,是美国工业化、现代化发展最迅速的 20 年,但是令人震惊的是,所谓的经济增长背后却是:每个人的基本消费却并没有较 20 多年前有明显变化。"1946 年到 1968 年期间的情况非常清楚,在美国主要的食品供应上,如总的卡路里和蛋白质,平均使用的情况并没有显著的变化。……服装方面的情况也相当相似,人均产量上基本没有变化。"[1]总的基本项目的生产如食品、钢以及纤维品,较人口上升的比例是增长了,但是污染度增长了 200%～2000%。人的需求和消耗是基本固定的,但由于技术改变,消耗中的一次性成分增多,技术转化带来了自然成本的增加。

也就是说,我们以为的富裕只是一种假象。出现这个假象的原因有两个:其一,富裕背后的经济增长是异化形式的,社会资本最终进入了资本家的资本循环中;其二,富裕背后的经济增长是不计自然价值成本的,二战后的 20 年,美国生产总量中排前几名的产业门类并没有促进社会的进步,反

---

〔1〕 巴里·康芒纳:《封闭的循环——自然、人和技术》,侯文蕙译,吉林人民出版社,1997年,第 108—109 页。

而对自然造成无法修复的伤害。

美国1946—1968年消费品增长量排前三名的分别是:"第一名,不回收的汽水瓶,增长了53000%;第二名,合成纤维,增长了5980%;第三名,汞,增长了3930%。"〔1〕这些技术导致了消费主义的盛行,从而极大地助长了人的惰性,导致一切技术只为资本的利益格局服务。以合成纤维为代表的技术驱使人们不断发明创造产生污染的合成品,这种合成品不仅通过成本优势击垮了旧的自然物品,给资本输入无尽动力,而且壮大了人们制造人工自然的野心。氯的增长说明了技术变革的速度,有机化学合成中需要氯,而氯的取得需要消耗汞。有机化学的发展从尿素合成到滴滴涕,都成了康芒纳的批判对象——"结果,在化学家们的成果架上有着一个庞大的新物质阵容,它们与生命的天然物质一样,其创造基础是碳的化学性质"〔2〕。

其次,康芒纳批判了现代技术。他揭示了新技术或技术替代的本质是资本家获利,指出了环境意识的缺位所造成的可怕灾难。"从洗涤剂在技术上对肥皂的代替,引起了一个20倍的由清洁剂中产生的磷酸盐在环境上的作用的急剧增长——从消费者来说基本上没有获利,洗涤剂取代肥皂,并未使我们比以前干净,却让环境变得更污秽了。"〔3〕他把物理、化学、环境中的生物学这三种技术发展的基础科学比作凳子的三条腿,指出因为环境中的生物学的缺位,这个凳子是有致命缺陷的。这样,新技术带来的后果是:人们一方面为了自我的心情愉悦制造出一堆自然不需要的废物;另一方面又继续从自然中掠夺,制造出新的消解这些废物的东西。"这种财富一直是通过对环境系统的迅速的短期掠夺所获取的,而且它还一直在盲目地累积

---

〔1〕 巴里·康芒纳:《封闭的循环——自然、人和技术》,侯文蕙译,吉林人民出版社,1997年,第113页。

〔2〕 巴里·康芒纳:《封闭的循环——自然、人和技术》,侯文蕙译,吉林人民出版社,1997年,第105页。

〔3〕 巴里·康芒纳:《封闭的循环——自然、人和技术》,侯文蕙译,吉林人民出版社,1997年,第125页。

着对自然的债务。"〔1〕总之，在康芒纳看来，"环境上所碰到的问题，是根据这种增长如何取得决定的"〔2〕。他认为这种增长是被新技术与资本联手绑架的增长：新的技术（特别是对环境不友好的化学技术）带来了这种虚假的增长，这个技术在摧残自然的同时，使资本家获得无可比拟的资本积累。

一、康芒纳思想中蕴含的自然价值认知

首先，康芒纳从自然成本的全新视角展示了现代社会对自然资源价值的忽视。自然资源的经济价值取决于人们对自然资源简单再生产所付出的必要劳动。然而在任何国家的工业化初期，自然的资源价值几乎都被忽视了。自然成本只有在工业社会才会浮现出来。农业文明时代，人在适度利用自然的同时因为遵循自然规律，享受的是人与自然的和谐共处，自然的成本只有在一种状态中一次性体现，即自然内部机理引发的错误状态，如创造物的毁灭。

其次，康芒纳从技术替代的视角展示了现代社会对自然内在价值的忽视。康芒纳多次提到技术替代，如果我们进一步思考，会发现技术替代背后的真实情况是人工创造的价值替代了自然的"存在价值"。当人工合成纤维替代羊毛和棉纤维，当免回收的塑料瓶替代可回收的塑料瓶和易拉罐，当公路系统替代铁路，当工业生产中的铝替代了钢和木材，当生活中不可降解的洗涤制剂替代了可降解的肥皂，我们替换掉的是自然中可以与人共享的存在价值。人们观念中的"取之自然用之自然"变成了从自然中找到基础生产品。人工创造的价值替代了自然的内在价值，因而也造成了消费的假象，使得人们对自然价值的认识出现偏差。

---

〔1〕 巴里·康芒纳：《封闭的循环——自然、人和技术》，侯文蕙译，吉林人民出版社，1997年，第125页。

〔2〕 巴里·康芒纳：《封闭的循环——自然、人和技术》，侯文蕙译，吉林人民出版社，1997年，第125页。

二、康芒纳谈到的自然价值内容

（一）自然的农业价值与工业价值

康芒纳从技术替代的视角谈到了自然的两种存在价值：农业价值（腐殖质：土壤肥力、分散饲养、有机肥）、工业价值（肥皂生产、包装生产、纺织业）。尽管这些都隐藏在他的批判理论背后，但是足以看出他对自然价值的认可。

1.自然的农业价值在自然原始选择中就有体现

自然的农业价值主要体现在提供腐殖质。腐殖质的产生需要空气、阳光、微生物等生态共同体成员的参与。土壤的肥力来自生态共同体中其他成员的日常排泄物；植物作为有机生命的一种，通过光合作用把原来是有机物的废物重新转化为新的有机物。"只要稍加当心一点，土壤的天然肥力都可以被保持很多世纪——譬如在欧洲各国以及很多东方的地区。"〔1〕然而我们的技术却没有利用好自然提供给我们的最完美的方式，而是采取短视的人类利益至上的方式，肆意对土壤进行施肥。首先，集中饲养的方式摧毁了自然的农业价值。牛群被从牧场上迁来集中饲养，但是大量积存的牲畜粪便，使得腐殖质的效率受到了限制。因为腐殖质需要微生物来分解，而单位面积可供生物消耗的阳光微生物的数量是千百万年来自然选择的结果，在短时期内是没有办法改变的。于是，"大部分含氮的粪便被转化成可溶解的物质（氨水和硝酸盐）。这些物质迅速地蒸发，或者渗入土壤之下的地下水中，也可能在暴雨时期直接流入地表水之中"〔2〕。当然，康芒纳所指的

---

〔1〕 巴里·康芒纳：《封闭的循环——自然、人和技术》，侯文蕙译，吉林人民出版社，1997年，第116页。

〔2〕 巴里·康芒纳：《封闭的循环——自然、人和技术》，侯文蕙译，吉林人民出版社，1997年，第117页。

美国式的牲畜与土壤分离的影响，若放在中国会小很多。其次，肥料和杀虫剂的使用摧毁了自然的农业价值。相对于集中饲养，无机氮肥的危害性更大，它损害了自然的生态系统，使人类在获取食物的同时也进入这个恶性循环。"在杀死了害虫的天敌的时候，害虫逐渐有了抵抗能力，新的杀虫剂则逐渐失效了。"只要无机氮肥一直在继续和集中使用，固定氮的微生物数量就会急剧减少，结果就是，人们越来越难以集中使用氮肥，因为这种主要的天然氮肥的来源已经不存在了。这正是部分人想看到的，如一个"有思想"的农场主所说："一个农场主所能做的最好的投资，就是不断把钱花在化肥上。"[1]因为对商人而言，没有比氮肥更完美无缺的产品了——当它被使用时，任何竞争者都被排除了。

2. 自然的工业价值体现在一种价值优越性上

首先，工业技术革新后很多技术是有害的。举个例子，汽车发展中盲目地使用高马力、高压缩的引擎，导致了铅污染的增加。铅之前被用于抑制引擎撞击，对更多里程和更高速度的追求，使得每个人的用铅量都增加了。汽车旅行的增加可以视作技术变革上逆反生态的后果，甚至造成了美国未能预料的光化学烟雾污染。再如合成纤维、洗涤剂中降解不了的物质、塑料类制品等技术造成了无法融入自然界的废物。还有一个更加极端的例子："1965 年，在立法机关的胁迫下，可进行生物降解的洗涤剂被引进美国，这些洗涤剂具有霉菌可以进行活动的不分枝的分子。但是，在这个分子的一个末梢上，这种新的洗涤剂还有一个苯单位，在水生态系统中，苯可以被转化为酸（石炭酸），这是一种有毒的物质。"[2]事实上，由于旧的洗涤剂会对自然造成伤害，人们制造出了新的可降解的洗涤剂，虽然这种洗涤剂不再产

---

〔1〕 巴里·康芒纳：《封闭的循环——自然、人和技术》，侯文蕙译，吉林人民出版社，1997年，第 211 页。

〔2〕 巴里·康芒纳：《封闭的循环——自然、人和技术》，侯文蕙译，吉林人民出版社，1997年，第 123 页。

生泡沫,但它更有可能杀死海洋生物。

其次,自然的工业价值优于人工的工业价值。现代洗涤剂替代了脂肪做的肥皂,合成衣服纤维替代了自然出产的棉花,哪个价值更优呢？自然的发声以及人类的生活体验表明,自然的工业价值与人工的工业价值相比较,更优的是自然原来具有的工业价值。天然植物纤维可以转化为腐殖质回归土壤,而合成纤维就不能了。肥皂一旦被使用并被排放出去时,它就由可致腐烂的微生物分解了——因为天然脂肪很快就受到了微生物酶的攻击。以纺织品为例,无论是从人的体验(舒适度、通透度、凉爽度)来看,还是从对自然的污染排放量来看,植物纤维的纺织品都比化学纤维的纺织品好很多,化学纤维制成的衣物满是静电,给人带来的不是生活舒适而是生活困扰,我们不得不再次发明新的物品来除去这种困扰。

(二)自然的有机物价值与生态价值

康芒纳从"封闭的循环"角度谈论了自然的另外两种价值,即有机物价值和生态价值。

1.自然的有机物价值体现于废物转化

地球上的生命是一种开放式的自我毁灭的直线型过程,只有在地球有机物的参与下、生态系统完整的情况下,才可能使这个直线型过程变成一个"封闭的循环"过程(生态循环过程)。"生命,在它最初出现在地球之上时,就已经在进行着一个直线型的自我毁灭的过程。"[1]"把生命从灭绝中拯救出来的,是进化过程中一种新生命形式的介入,他把原来是有机物的废物重新转化为新的有机物质。最早的光合作用有机物,把生命的贪婪的直线

---

〔1〕 巴里・康芒纳:《封闭的循环——自然、人和技术》,侯文蕙译,吉林人民出版社,1997年,第241页。

型过程转化为地球上最初的大生态圈。"[1]

当废物不能转化时,有机物的价值被人忽略,实质上带来了人类灾难。人类创造的新型垃圾由于无法被分解而积攒下来,这些垃圾占用了大量的自然空间,如果存放不当,还会造成土壤污染和大气污染。这些垃圾实际上是人对自己的伤害:一方面,过多的垃圾会挤占人能够占有的空间;另一方面,垃圾存放处的土壤原有的肥力被摧毁,存留的肥力不足以保证土壤的种植,而我们需要更多的土壤种植庄稼,来保障食物的供应。塑料、玻璃片等人工垃圾是不能作为土壤肥料来源的,它们都是由"人工的非天然的聚合体"所组成。如果人类放任这种轻视自然价值的态度,更多的类似事件会继续发生,它警醒人类:地球似乎快被垃圾围住了。

2. 自然的生态价值体现于"封闭的循环"系统

"封闭的循环"本身可以看作自然的生态价值。"封闭的循环"本身就是存在的,只是人类的直线型参与过多,如更改有机物的形态,将自然的有机物用人工的有机物替代,从而毁坏了生态圈中的循环节奏。当生态系统到达一个生态阈值时,生态危机就显现出来了。"人类一直在摧毁着这个生命之圈,不仅为生物性的需求所驱使,而且也为社会组织所驱使,这个组织是他们用来征服自然的:使用来约束那些与驾驭自然发生冲突的要求的攫取财富的工具。最后的结果是环境危机,一个生存的危机。为了生存,我们必须再度封闭这个圈子,我们必须知道如何去重建我们从中借来财富的自然。"[2]康芒纳的自然价值认知是正确的,他从技术批判和工业社会消费批判的角度认识到自然成本的重要性,揭示经济增长中的财富很大一部分是"借来的财富"。他的价值判断中已经包含了对自然价值的认可:"在世界

---

〔1〕 巴里·康芒纳:《封闭的循环——自然、人和技术》,侯文蕙译,吉林人民出版社,1997年,第 241 页。

〔2〕 巴里·康芒纳:《封闭的循环——自然、人和技术》,侯文蕙译,吉林人民出版社,1997年,第 242 页。

上的任何地方都有证据说明,那种要人类依据最大利益来利用竞争、财富、权力的企图,都是彻底的失败。……当前的生产体系是自我毁灭性的,当前人类文明的进程也是自杀性的。"〔1〕

3.自然的生态价值优先于人类的经济价值

以纺织品为例,一方面,大规模的生产带来的生产率优势使资本家以较低的成本获得较高的回报;另一方面,化纤产品的替代可以满足消费者的更多需求,甚至包括虚假的消费需求。而"天然的过程在生态学上仍然是更有优越性的。一种纤维在化学合成中,能量必须来自一种非再生的来源(煤、石油或天然气中提炼),而且通过高温操作,排出在生态上是有害的废物"〔2〕。这种不可再生资源尽管也是来自自然的无限性(光合作用或其他),但它是地球生命年轻时有限时间段内的短暂积攒,或者说是"早先由植物化石所吸收的太阳能的再现"〔3〕。

---

〔1〕 巴里·康芒纳:《封闭的循环——自然、人和技术》,侯文蕙译,吉林人民出版社,1997年,第237页。

〔2〕 巴里·康芒纳:《封闭的循环——自然、人和技术》,侯文蕙译,吉林人民出版社,1997年,第128页。

〔3〕 巴里·康芒纳:《封闭的循环——自然、人和技术》,侯文蕙译,吉林人民出版社,1997年,第128页。

第三节 整体主义影响下的自然价值理论

美国生态伦理学家利奥波德在土地伦理中和罗尔斯顿在荒野哲学中探讨的自然价值,都受到了整体主义的影响。

一、伦理理论变革:土地伦理的出现

(一)土地伦理的核心概念:"新的共同体"

利奥波德所著的《沙乡年鉴》被称作"绿色圣经"。他提出的土地伦理的核心是"新的共同体"。

首先,利奥波德扩大了伦理中的"共同体"概念。他将之前只包括人类的"共同体"的界限进一步扩大成"新的共同体"——不仅包括人类,还包括土壤、水、植物和动物(或者把它们概括起来,统称为"土地")。

"新的共同体"中加入了自然价值。相比于人与人构造的"社会共同体",在利奥波德的"新的共同体"中,每个成员都有它继续存在的权利,或者至少在某些方面,它们拥有继续存在于一种自然状态下的权利。土地伦理主张土壤、水、植物和动物的"存在的权利",也称自然的存在价值,它是土地伦理研究的核心。这种权利界说与动物权利提倡者辛格等人的最大区别在于,它关注的不仅是生命,而且是整个自然界,权利的边界也从有意识的生命体扩展到与生命体共生的自然。在利奥波德的土地伦理中,权利的构成主要来自对共同体的尊重:这样的尊重需要把人类的角色从征服者和海尔德姆所说的"侍者角色"变为共同体中平等的一员。

其次,利奥波德探讨了"新的共同体"中人和其他成员之间的关系。"新的共同体"观念实际上切中了旧意识的要害——以经济价值为基础的偏见,又提供了有关人与自然关系的新观点,从而论证自然价值是多么值得人类深思。利奥波德得出的一个结论是"人为改变的激烈程度越小,自然的重新适应的可能性就越大"[1]。土地伦理的一个核心条件是:"人为的变化,与生态学上的变化相比,是一种不同序列的变化。"[2]利奥波德举例说明西欧和日本的生物体承受激烈转化的能力不同,并且指出这个结论与流行的哲学方向正好相反:流行的哲学认为集约式的增长才能更大限度地丰富人类的生活,因此无限的增长会使人类的生活无限丰富。在这样的价值取向下,今日我们可以牺牲草原上的野花去修复被沙尘暴毁坏的土壤,明日我们就有可能以珍稀动物去换取人类的生存安全。

(二)土地伦理对现代价值观的批判

利奥波德从批判拓荒旅游开始,批判了人类活动对自然生态多样性的破坏,以及人类对土地价值的认知匮乏。人类的价值观经过一个世纪仍然没有转变,以人类中心主义为指导的经济活动依旧盛行,所以土地伦理只是一席空话,不能上升到指导实践的层面。以上揭示的不仅是人类对自然价值的丢弃,而且是这个过程中自然的生物多样性价值、文化价值的丧失。

1.利奥波德批判以"机械化休闲"为核心的拓荒者价值观

利奥波德认为现代休闲特别是"机械化休闲",是"毫无目的的乱跑一气"。现代人理解的休闲是将公路、铁路向无人的荒野中延伸,本质上有种享受占用"无人区"的价值取向,"新的机械发明与未经雕琢的自然发生碰撞",是打着自然旗号的掠夺。"休闲在老罗斯福时代成了一个具有名词概

---

〔1〕 奥尔多·利奥波德:《沙乡年鉴》,侯文蕙译,吉林人民出版社,1968年,第208页。
〔2〕 奥尔多·利奥波德:《沙乡年鉴》,侯文蕙译,吉林人民出版社,1968年,第207页。

念的问题,当时离开城市的越来越多,人均可享的宁静、世外桃源、野生动植物和风景的比率就越小,于是移动的人群为了追求他们越走越远"〔1〕,"交通运输的发展正使我们面临着休闲过程中的实质崩溃"。〔2〕"荒野协会在探讨如何才能禁止道路通向边远地区,而商会则想方设法扩大交通的范围。"他还对 1935 年成立的荒野协会表示担心:"然而,有这样一个协会也是不够的。除非在所有的资源保护部门中都有一些具有荒野头脑的人,不然这个协会也永远不会知道新的侵犯已经来临。"〔3〕他赞成布恩(Danie Boone)的观点,"在美国休闲资源上的唯一真正的发展,是美国人中感知能力的发展"〔4〕。

此外,他在《沙乡年鉴》中深刻批判了拓荒者价值观。这样一种价值观以机械论哲学为基础,是户外休闲者这类业余爱好者(拓荒)以回到自然为由,用贪欲和利己主义建构的一种价值观。这样的价值观正在加速自然的毁灭,践踏自然的生物多样性价值。"这种战利品娱乐主义者有一个怪癖,即他在以一种微妙的方式加速自己的毁灭。为了享受,他必须拥有、侵犯、占用","地图上的空白部分对大部分人而言是无用的废物,对拓荒者则是最有价值的一部分"。〔5〕这样的价值观无视自然的存在价值,本质上是"目的性的力量"。在《沙乡年鉴》中,对西方现实的批评被大多数研究者忽略:一是对生态教育实践的批评。西方国家经常采用资源保护教育来改变人们的生态观念,但是这样的企图最后都变成了机械化的操作,如遵纪守法、行使投票权利、参加某些组织等。二是对生态实践方法的批评。利奥波德主张用伦理方法覆盖经济手段。"一定要运用那种使土地伦理的发展过程得以舒展进行的杠杆,简而言之,就是把合理的土地使用当成一个单独的

---

〔1〕 奥尔多·利奥波德:《沙乡年鉴》,侯文蕙译,吉林人民出版社,1968 年,第 155 页。
〔2〕 奥尔多·利奥波德:《沙乡年鉴》,侯文蕙译,吉林人民出版社,1968 年,第 166 页。
〔3〕 奥尔多·利奥波德:《沙乡年鉴》,侯文蕙译,吉林人民出版社,1968 年,第 186 页。
〔4〕 奥尔多·利奥波德:《沙乡年鉴》,侯文蕙译,吉林人民出版社,1968 年,第 164 页。
〔5〕 奥尔多·利奥波德:《沙乡年鉴》,侯文蕙译,吉林人民出版社,1968 年,第 166 页。

经济问题来考虑。"〔1〕

2. 一种机械化的思维、以人类为价值核心的自大态度有碍于我们认识土地的价值

我们在科学思维的影响下容易犯"头痛医头脚痛医脚"的毛病。例如，一旦土壤失去了肥力，我们便给土浇肥料而忽略了土壤的形成来自生存其间的动植物；当草原鼠类增殖到有害的程度时我们便想办法毒死他们，却忘记了隐藏在动物蜕变背后的原因。"科学上的证据说明，一个植物共同体的混乱正是啮齿动物侵袭的真正所在。"〔2〕一些植物和动物没有明显的原因就消失了，人类由于缺乏整体性思维而对这件事情做出误判，并且由于自大，人类也没有把它当成土地生病的征兆。利奥波德认为，了解荒野的文化价值的能力归结起来是一个理智上的谦卑问题。直至今日有关自然价值是否存在还饱受争论，也是源自人类的自大心态。"迄今为止还没有一种处理人与土地，以及人与在土地上生长的动物和植物之间的伦理观。"〔3〕他还批判了土壤保护法在美国的实践。"这个法令（土壤保护法）是一部漂亮的社会机器，但它却因为有两个汽缸而患有咳嗽病。"〔4〕这两个"气缸"就是：胆怯和急于求成。"当人们问到为什么规则制定不出来时，回答是，社会还没有做好支持它的准备。"〔5〕在缺乏觉悟的情况下，跟人类谈义务是没有意义的。

荒野存在生物多样性的价值。"古生物学家提供了丰富的证据，说明荒野在极其漫长的岁月里一直自我保养着，它所拥有的物种，很少有丧失。"〔6〕利奥波德试图通过草原植物比农业植物耐旱、未清理过的森林比使用过的田野更加适合松树的壮大两个例子，说明生物的地下"列队"存在

---

〔1〕 奥尔多·利奥波德：《沙乡年鉴》，侯文蕙译，吉林人民出版社，1968年，第199页。

〔2〕 奥尔多·利奥波德：《沙乡年鉴》，侯文蕙译，吉林人民出版社，1968年，第185页。

〔3〕 奥尔多·利奥波德：《沙乡年鉴》，侯文蕙译，吉林人民出版社，1968年，第192页。

〔4〕 奥尔多·利奥波德：《沙乡年鉴》，侯文蕙译，吉林人民出版社，1968年，第198页。

〔5〕 奥尔多·利奥波德：《沙乡年鉴》，侯文蕙译，吉林人民出版社，1968年，第198页。

〔6〕 奥尔多·利奥波德：《沙乡年鉴》，侯文蕙译，吉林人民出版社，1968年，第186页。

着无法比拟的价值。"人们不可能在亚马逊研究蒙大拿的生理学"〔1〕,因为每个生物群的活动范围都需要它自己的黄叶来进行使用过和未使用过的土地的比较。同时,荒野的价值是不可再生的。当我们看到一个地区的植物蜕变时,实际上就已经不可挽回了,因为"重建土壤植物区系要比毁灭她来花更多的年月"〔2〕。荒野是一种只能减少不能增加的资源,创造新的荒野是不可能的。

二、价值理论变革:价值观革命

(一)新的价值:自然价值

尽管利奥波德的作品领先时代 20 年〔3〕,但是他提出的"新的价值"给20 年后的世界提供了希望。他认为价值观上的失误才是环境问题的根源。如果没有意识到环境事件的根本是人的过失、价值观上的失误,就不可能阻止未来事件的发生。有人认为技术和市场可以拯救这样的价值失范,但忽略了技术和市场通常只服务于社会中最强有力的阶层,如果他们的核心需求是增长,那增长带来的生态毁灭仍将是必然结果。

自然价值回归具有必要性。从人类历史来看,征服者最终的结局都是殃及自身的。征服者的社会定位是权威,就是因为这样的权威地位使得它对下面的需求一无所知,所以一个判定什么有价值什么没有价值的权威者,其实他什么都不知道。就像人类的政治体制一样,离普通生存者越远,来源于生活经验和个人体验的知识就越少。而科学界亦是如此。科学知道什么

---

〔1〕 奥尔多·利奥波德:《沙乡年鉴》,侯文蕙译,吉林人民出版社,1968 年,第 186 页。

〔2〕 奥尔多·利奥波德:《沙乡年鉴》,侯文蕙译,吉林人民出版社,1968 年,第 185 页。

〔3〕《沙乡年鉴》的出版是 1949 年,正值美国二战后的黄金时代,黄金时代的 20 年内没有人想到要把自己从自然的主导地位上删除出去,变成一个普通的共同体的一员。然而在 20 年后的60 年代,人们突然发现所处繁荣中的暗流涌动——民权斗争、反主流文化、女权运动,美国的生态学的研究也在这时进一步深入,出现了《寂静的春天》《封闭的循环——自然、人和技术》等作品。

在使这个共同体运转,科学家始终确信他不知道。而我们对历史的解读大部分是以人类活动为视角,事实上,历史事件是人类和土地之间相互作用的结果。这也是在历史学界地理决定论盛行的原因之一,它说明人类的思想在学识角度已经有了转向。但是这个转变仍然没有触及根本。

自然价值是一种全新的人类价值取向。利奥波德的著名结论"当一个事物有助于保护生物共同体的和谐、稳定和美丽的时候,它就是正确的;当它走向反面时,就是错误的"[1]彰显了他的土地伦理观,同时彰显了他的价值判断倾向于自然价值的回归。之所以要进行自然价值回归的革命,是因为我们的价值观念至今还不够警醒人类。我们现在的价值观念中不明确区分正确与错误,也不提出任何义务,于是对培根时代萌芽的价值论不会有丝毫的动摇,现代社会中流行的价值论当然不会因为一些机械化的行为而发生改变。如利奥波德所说:"使用土地的伦理观念仍然是由经济上的私利所支配的,就和一个世纪以前的伦理观念一样。"[2]众所周知,全球变暖使得两极冰川正以无可挽回的速度消失,其导致的海平面上升问题更是造成沿海地区千百万居民丧失其赖以生存家园,雾霾加重导致人类健康受到威胁,等等。如果未来我们赖以生存的土地不具有生长的沃力,将会有更多的土地从表土层向海洋地区流失,那只能怪我们自己——我们在价值观上没有达成共识。

(二)进化的价值观

人们对利奥波德的评价很高,原因主要在于他的思想是价值观革命的先声。利奥波德第一次从伦理的角度提出了人与自然关系的标准,开创了一个新的生态伦理学领域的研究。佛教从尊重生命的角度提出了不能杀生的戒律,自然主义者如美国"自然书写"的先验论哲学家梭罗从审美角度提出保护荒野的理念,20世纪初的美国保护主义者从经济角度主张保护对人

---

〔1〕 奥尔多·利奥波德:《沙乡年鉴》,侯文蕙译,吉林人民出版社,1968年,第234页。
〔2〕 奥尔多·利奥波德:《沙乡年鉴》,侯文蕙译,吉林人民出版社,1968年,第199页。

类有用的资源。福莱德(Susan Flader)在研究利奥波德的第一本专著《像山那样思考》时指出,利奥波德的最终目的是试图进行各种调节,以恢复一种自我调节的系统。

土地伦理是社会进化的产物,也是伦理观念进化的产物。利奥波德认为的人的伦理观念按照三个层次发展进化,即"处理个人之间关系的伦理——处理人与社会之间关系的伦理——处理人和土地之间关系的伦理"。"再也没有什么比种曾经被大书过的道德更重要的了。"之所以是一种进化的模式,也在于人类思想的渐进式发展。"土地伦理的进化是一个意识的,同时也是一个感情发展的过程……当伦理的边疆从个人推向社会时,它的意识上的内容也就增加了。"[1]然而他提倡以一种缓和而客观的态度去认识这场革命:因为一个运行的机制对任何一种伦理都是一样的,对正确行动的社会认可也就是对错误行动的社会否定。例如,我们用蒸汽铲重建了一个宫殿,我们将难以放弃这个"铲子"。

---

〔1〕 奥尔多·利奥波德:《沙乡年鉴》,侯文蕙译,吉林人民出版社,1968年,第214页。

第四节 荒野哲学走向下的自然价值

美国学者罗尔斯顿所著的《哲学走向荒野》是生态伦理学的又一经典之作。有利奥波德提出的大地伦理学的"价值观革命"作为基础,才有了罗尔斯顿对自然价值类型的深入探讨。

罗尔斯顿将人类价值与自然价值并列,认为不仅人具有内在价值,自然也具有内在价值。罗尔斯顿还科学地论证了自然的工具价值和内在价值的关系,独创性的确证了生态系统的价值。

一、自然的十种价值类型

1. 经济价值

这是一对价值,即自然的内在经济价值与自然外在的工具性经济价值的统一。自然的经济价值可能指自然的工具价值,也可能指自然的内在价值。自然的经济价值体现在自然资源的存在,以及技术对经济的外现作用。首先,自然不是在任何意义上都具有经济价值。对于马克思主义者而言,自然资源本身并没有经济价值,资源本身不应当有价格,而是因为加入了人类劳动,资源变成了对人有用和满足人类发展需求的自然物,才有价值一说。对于科学工作者而言,自然资源就其存在本身也是有差异的,人类技术就是依赖于这样的差异性而不断更新。就人类技艺而言,单纯的人类技艺无论如何也不可能产生非自然的化学物质和能量。例如矿山,总是有矿山在质量上更优,相对于人的劳动调动安排或者技艺而言更加容易,有的矿山因为不存在矿产而只是伴生的自然存在。"人类所做的,仅仅是调动和重新安排其周围的自然物,而自然物的性质则是天然的。"[1]罗尔斯顿认为,自然的经济价值取决于科学发展的水平,但它同时也取决于自然物的性质。例如,石油是自然物,石油的天然的自然物性质决定它存在于自然界本身是有内在价值的,而人类对石油的开采则是自然的工具价值的外现。再如,青蒿素作为自然物存在于植物内部,储存有青蒿素的这棵自然植物,即使人类不去触碰,它本身也有内在的经济价值;而通过人类的科技手段去提取,不论是中医的方法还是西医的方法,终归是人类外来的技术施加,这种内在价值外现成为人类提供生命福利的工具性的经济价值。

2.生命支撑价值

自然的生命支撑价值是一种自然的工具价值,是指自发自然中生态环境对人类生命的支撑具有不可替代性。自然的生命支撑价值是就自然存在的本身而言的。"如果我们用衡量经济价值的普通货币去计算生态价值的话,会严重地扭曲生态价值,因为普通的货币远不足以衡量非商业性价值,如与大气层、海洋、极地冰川、臭氧层等有关的价值,而这些价值对生态系统的健全(从而也对人类福祉)是至关重要的。"[2]自然与人存在共生关系、和谐关系。这个逻辑与进化论的主张是有一定矛盾的。进化论者主张自然只讲丛林法则,即优胜劣汰、适者生存。尽管进化论者认为人类是被自然选择的结果就必定能够适应和喜爱这个世界——因为不适应的物种已经被淘汰,但进化论者忽略了这样一个事实:人类只是在历史长河的现阶段被选择出来,人类的利益、人类的文明都是在生命进化过程中很晚才出现,地球远在人类生命出现之前就已经是一个生机勃勃和有趣的地方。如果将适者生存的观点放在人类历史过程中探讨,则有两种可能:①人类有可能在很早以

---

〔1〕　霍尔姆斯·罗尔斯顿:《哲学走向荒野》,刘耳、叶平译,吉林人民出版社,1986年,第123页。
〔2〕　霍尔姆斯·罗尔斯顿:《哲学走向荒野》,刘耳、叶平译,吉林人民出版社,1986年,第125页。

前就已经存在过,但是因为不适应而灭绝;②人类在不久的未来也会因为不适应自然而被自然淘汰。

3. 消遣价值

自然的消遣价值是一对价值即自然的内在消遣价值和外在的工具性消遣价值的统一。自然的消遣价值是就人的思考或实践而言的,是指自然于人而言是沉思的对象,也可以是为人类提供技能的场所。"自然的消遣价值可以体现于运动和大众娱乐中,从而可以是人本主义的,但却并非总是如此。它也可以体现为对客观的自然物性的一种敏感。"[1]对于不同的人,自然的消遣价值表现也会不同。对于一些喜欢自己主动表演的自大者而言,自然是工具性的,自然的消遣价值在于它提供了让人类表演自己的技能的场所,"他们只需要凹凸不平的地形让他们驾驶吉普车在上面奔驰,或有坚固的花岗岩壁让他们用钢锥去攀缘"[2]。对于另外一些喜欢对自然的自主表演进行沉思的人而言,自然的内在消遣价值是令人神往的。自然的自主表演体现的是自然的特性本身。对沉思者而言,"他们赞美薄荷上的蜂鸟婉转的歌唱,或是笑那滑稽的鸵鸟将头埋进沙中"[3]。任何一种激起人类情感相关的自然体验都是美好的消遣。人类的需求处于变化中,人类的价值也处于变化中,在我们今天看来无聊的自然消遣远不如在人造自然的城市中的人的自身欲望的满足来得重要,有谁能保证人类以后,或者说下一代还是这样的想法呢? 或者说,人在本性上还是愿意与自然为善的,人的审美天赋也要求其亲近大自然,这在人类的东方文化中表现得更为明显。

4. 科学价值

自然的科学价值是自然的一种内在价值。首先,这里讨论的科学是纯

---

[1] 霍尔姆斯·罗尔斯顿:《哲学走向荒野》,刘耳、叶平译,吉林人民出版社,1986年,第129页。
[2] 霍尔姆斯·罗尔斯顿:《哲学走向荒野》,刘耳、叶平译,吉林人民出版社,1986年,第127页。
[3] 霍尔姆斯·罗尔斯顿:《哲学走向荒野》,刘耳、叶平译,吉林人民出版社,1986年,第128页。

粹意义上的科学。科学相较于技术最大的不同是科学知识的纯粹性;科学起源于知识分子在闲暇时的追求。那追求的是什么呢? 仅仅是对自然奥秘的揭示吗? 当然不是。科学追求的是思维价值。就像我们鉴定一个纯粹的科学家时会问他这样一个问题:"如果他不用从事科学研究也可以相当的富有,做研究无补于他的经济状况的话,他是否还会继续自己的研究?"〔1〕其次,自然的科学价值体现在科学技术与人脑的联系中。"科学技术使我们越来越深地进入自然",科学技术促发人类不断地探索自然的奥秘,尽可能地将其转化为人类的技术知识。目前我们对科技的认识仅仅是其能带来对人有益的东西和对自然的有效开发,然而换个角度想似乎别有洞天。"一个计算器代表的与其说是人类对自然的开发和剥削,不如说是人类对物质一定能量运动中呈现出的迷人的电子与数学性质的一种高级的欣赏。这些性质在计算器制造者的大脑里,更是得到了淋漓尽致的运用;而大脑也是自然的产物。"最后,科学和知识是人类智力发展的手段。"科学告诉我们:自然中有着十分吸引人的复杂性,可以作为我们这种高尚的求职活动的对象。科学家的自然发现是一场充分展示人类能力的智力探险。"〔2〕人类智力上的成就来源于自然这个丰富的和变化中不断发展的复杂系统,人类智力的持续性发展来源于自然的发展属性;人类文化和人类意识活动的丰富也来源于自然的内在价值,即自然的科学价值。人类现存世界只是自然生命长河中一个很小的时间节点,按照物理学上的人择原理,尚且可能存在许多具有不同的物理参数和初始条件的宇宙,人是"物理参数和初始条件取特定值的宇宙"中演化得出的产物,我们看到的也是我们能够观测到的这个"物理参数和初始条件取特定值的宇宙"。恐龙化石的封存为我们展示了人类已经看不到的世界,它不是人类思维的炫耀,而是保持人类思维多样性永续发展的前提。

---

〔1〕　霍尔姆斯·罗尔斯顿:《哲学走向荒野》,刘耳、叶平译,吉林人民出版社,1986 年,第 129 页。

〔2〕　霍尔姆斯·罗尔斯顿:《哲学走向荒野》,刘耳、叶平译,吉林人民出版社,1986 年,第 130 页。

5.审美价值

自然的审美价值是自然的一种内在价值。首先,自然的审美价值的发生机制与自然的科学价值的发生机制在原理上是相同的,即通过对人类情感的激发达到对人类智力的激发。艺术与理论科学一样,都是通过抽象来表达体现在具体事物上的一般属性,从而促进思维发展。尽管有人认为艺术是在模仿个别事物时使事物的一般特征得以表现,但是艺术的思维方式决然不是总结性的、概括性的归纳思维,而是直觉思维。其次,人的审美体验是这样一种体验,即作用于人的意识发生过程中的独一无二的享受体验,这种体验的特点是"非自身经历者无法感知"。美的感受是纯粹主观性的认识,美的体验也是难以向尚未参与的人言传的。例如,"悬浮在高山悬崖的云雾中霏霏而降的花边一样的雪花带有精致细小的冰晶能够增加登山者的审美感受"[1],这是非身临其境的本人所不能体会的。审美的独一无二性还表现在因审美主体不同而产生的审美差异上。例如,面对充满生机的非洲大草原上的落日余晖或浩瀚海洋上的航船,有的人会觉得是大自然的鬼斧神工,有的人感觉到的是恐惧和丑陋。这些并不能否定自然的审美价值这个存在本身。

6.生命价值

自然的生命价值是自然的一种内在价值。首先,对生命的关爱是自然对我们的启迪。1896年塔兰图拉毒蛛的生命价值在功利主义者、时任美国林业局局长的平肖看来是可以践踏的,而在缪尔看来,塔兰图拉毒蛛的生命价值在于它的生命权利和我们是平等的,这个平等不是来自宗教说教,而是人类同情心的警醒。人类理性的觉醒不应当造成人类缺乏同情心的后果,就连提倡自然的丛林法则的进化论也展示了生命的亲缘联系这一本质。进

---

〔1〕 霍尔姆斯·罗尔斯顿:《哲学走向荒野》,刘耳、叶平译,吉林人民出版社,1986年,第133页。

化论中揭示的自然物之间的亲缘性质被认为是生命的可解读性。自然生命体中的每一个细胞、每一个遗传基因，在人类获得认知这些知识的能力之前就已经存在了，我们能做的是对这些信息进行解读。其次，自然的生命价值因为某种原因时常在人类长河中被忽视。从历史角度看，工业革命以后，人的历史、人的文明多于自然的历史，人口密度的猛增也使得生命之河变得越来越汹涌。如果说自然在历史长河的上游，人在历史长河的下游，下游的指数型增长已使得河水变得越来越骚动不安，而失去了思索生命价值的沉思土壤。

7. 多样性和统一性价值

自然的多样性和统一性价值仍然是相对人的心智发展、人类利益而言的。它既是自然的内在价值也是自然的工具价值。首先，自然的多样性价值能够激发人的心智多样性发展，人的心智是自然的多样性与统一化双重趋向的产物。对自然的多样性的认识使人获得心智上的愉悦，这个比激发人的消费本性的虚假愉悦更加崇高也更加真实，因而也是正确的。大脑是自然的产物，人的心智也是自然的产物。马克思所说的物质基础决定人的意识，如果不能认识到自然的多样性价值和统一性价值对人的心智的作用，无疑会将人类推进机械社会的深渊。"人的心智不可能在犹如一片空白墙的同质性环境中产生，同样也不可能在令人眼花缭乱的丛林般的异质性环境中产生……人的心智是一面镜子，反映着自然的这些性质。在一定意义上可以说：人类的心智是基于大脑皮层的复杂性及其综合能力，这说明它是自然的多样性与统一化双重趋向的产物。"[1]其次，自然的多样性的缺失是不可逆的过程，对自然的多样性价值的忽视使人类得不偿失。尽管自然在局部上分布不平衡，但总体上自然的多样性是显而易见的。罗尔斯顿也说："一个自然主义者，随着他通过望远镜、显微镜、旅游、阅读等对自然的了

---

〔1〕　霍尔姆斯·罗尔斯顿：《哲学走向荒野》，刘耳、叶平译，吉林人民出版社，1986年，第141页。

解的增加,会从自然的多样性中获得无穷的乐趣。如果我们为了多装几台发电机而牺牲掉蜗鲈或马先蒿这样的物种的话,这种乐趣会大为减少。"[1]我们因为修水库、修大坝牺牲掉了先前的自然物种,造成了生物多样性的遗失,对于人类而言是得不偿失的。如果早日认识到自然的多样性价值对于人类的重要性,也就不会出现专门的保护协会来保护高地了。

8. 稳定性和自发性价值

自然的稳定性价值是指自然不仅是统一的和可解读的,而且有一定的可以依靠的秩序。严格的决定论者认为,无论在自然界还是在人类文化中,都没有任何事是偶然发生的、或然的;机械论者认为,只有坚持自然是一个封闭的组织系统,才可以用科学中的基本公理解释自然。事实上,复杂性原理告诉我们,任何一个复杂系统都包含有自组织规律,即开放系统原理、自稳定机理和突现机理。复杂性系统已经将事物的原理放在了事物与周围事物的联系环境中,那么我们在面对自然这个复杂巨系统时,也应放在自然存在的历史长河中考察。自然的自发性价值,属于自然这个复杂巨系统下的突现机理的内容,存在条件是自然中发生的事总带有一定的不确定性,不能因为人类追求规律的心态而忽视了这些不确定性自然发生的价值和自然物的价值,更何况这些自发现象背后也是自然的规律。尽管自然的稳定性是占主导作用的,多少年来自然整体上是稳定的,但是这并不意味着持续的人类活动不会对自然的未来发生影响。例如放射性污染、物种灭绝这些自然的偶发现象很有可能逐渐演变成自然的常态。因而放下思想包袱,对自然的稳定性价值和自发性价值进行深层次挖掘是很有必要的。

9. 辩证性价值

自然的辩证性价值无处不在。辩证即一种对立统一关系,文化与自然

---

〔1〕 霍尔姆斯·罗尔斯顿:《哲学走向荒野》,刘耳、叶平译,吉林人民出版社,1986年,第142页。

就是辩证统一的关系：由人的意识创造出来的文化与自然形成对立，而这种对立的文化又来自自然本身的创造。进化论中讨论的自然的丛林原则与自然的亲属关系也是对立和统一的。在生物链中，自然在创造一个自然物的同时必然会创造另一个与之相对的自然物，而二者又统一于自然的整体性中。自然的辩证性价值在于：一方面，它内含于自然存在中；另一方面，它指引人类的思维。人在进化过程中，首先是四肢着地的动物，但是由于自然境遇下的劳动需要，手被解放出来。我们可以说这种进化本身显示了自然的多样性价值对人的思维进化的作用，并且这样的思维进化作用最后变成身体实践的结果。

10.宗教象征价值

自然的宗教象征价值是指自然是宗教的思想源泉，因此也可以看作自然的内在价值的一种。生与死的宗教基本主题，都是自然给我们设定的。自然还是哲学的资源。"自然在我们的生命里编入了程序，是我们凡事总爱问个为什么。而自然的矛盾斗争是我们人类精神的摇篮……虽然人有时似乎将理性思辨与自然联想割裂开来，但是几千年来人类心智的演化过程实际上是与自然相联的。"[1]罗尔斯顿在论述自然的宗教象征价值时似乎已经不是单纯介绍自然价值的种类，而更大程度上开始探讨自然价值是主观的还是客观的。自然的宗教象征价值表现为一种价值关系，即自然与宗教的存在关系。自然的宗教象征价值尽管从客观价值论的角度来看是说得通的，但是难免会受到主观价值论者的质疑。

二、哲学的荒野走向

综上，罗尔斯顿界定了自然的十种价值，在笔者看来，有五种表现为自

---

[1]　霍尔姆斯·罗尔斯顿：《哲学走向荒野》，刘耳、叶平译，吉林人民出版社，1986年，第149页。

然的内在价值,即自然的科学价值、审美价值、生命价值、宗教象征价值、多样性和统一性价值。其中,自然的生命价值是与自然本身存在特性相关的一种内在价值,其他几种均是与启迪人类思维相关的内在价值。而自然的稳定性和自发性价值、辩证性价值更多地体现为一种启发思维方式的价值,而不属于内在价值或者工具价值。

罗尔斯顿在总结出自然存在的价值种类之后,有一个著名的哲学论断——哲学走向荒野,并且指出了十二种荒野地价值[1]。我们可以从荒野教育缺失的角度论证哲学走向荒野的可能。尽管哲学经历了认识论转向、语言转向、文化转向,但是在价值观上对整体性与实践性的关注,特别是对自然内在价值与人类实践的关联度的重视仍然不够。罗尔斯顿自信地认为,哲学的荒野转向更加值得人们关注。可以说,对这个转向的关注标志着人类将迈向全新的绿色文明时代。

在价值教育的维度,荒野与大学一样是必须的。大学对人是理论意识的提升,荒野教育是让人在实践中理解自然本身。大学教育在于使人在意识形成过程中能够更加全面地触及历史长河;人在思想成熟过程中能够或多或少地接触科学知识。大学教育在培根时代以前不是每个世俗的凡人所能够获得的通识教育,曾经的大学教育里大部分是人文知识并且只针对社会的高级阶层;大学教育在培根大力提倡学科教育和学院教育对普通人的覆盖后才达到现在的效果。荒野给人以直接的美感、直接的冲击,但是在被工业文明挤压的现代社会中,这种直接的体验式教育已急剧萎缩。

从某种意义上说,荒野教育在不久的未来会比大学教育更加受到重视。现在的科学知识分类使得专业化领域中的知识隔阂越来越严重,而这种知识产生的背景却逐渐消失,人们接受的是知识爆炸的后果,而这不能称为愉悦的体验。罗尔斯顿指出,曾经我们习以为常的辽阔的自然界现在在人类发展的浪潮中走向了消亡。荒野如果消失了,也就意味着人类思维以及人

---

[1] 十二种荒野地价值:市场价值、生命支撑价值、消遣价值、科学价值、遗传多样性价值、审美价值、文化象征价值、历史价值、性格塑造价值、治疗价值、宗教象征价值、内在的自然价值。

类知识产生的背景被压缩为人工自然,这种非自然对自发自然的替换也使得人类的思维方式走向机械化和枯竭。

哲学走向荒野的实质就是人类对荒野逐渐缩小甚至消失的现象的哲学反思。于是荒野消失与哲学家反思人类思想的使命之间发生了联系:当我们看到人类赖以生存的大自然中生物物种锐减时,人类发自内心的恐惧也使得哲学的关注点不断向生态哲学延伸;而罗尔斯顿的"自然先于人类存在"的观点也警醒我们,人类也是自然史的一部分,哲学家不仅应当思考城邦、思考文化,还要把"有活力的生命"纳入哲学思考的范畴。近代工业革命以来的哲学都在"人的问题"上大做文章,一定程度上可以说,哲学家的疏忽也是荒野消亡的一个原因。因此,哲学上的荒野转向能够使人们从"人的问题"中走出,更多地关注自然;从主客二分的思维方式中走出,转向研究能促成人与自然和谐相处的哲学方法论。

第五章

绿色发展的价值论视野

绿色发展是思维上的革新式转变,它实质上是人的又一次选择,是一种引领人类做出生态环境改变的价值观。绿色发展起源于绿色思潮,作为一种价值观,其影响力在国际性的环保运动中得以巩固。以动物解放论、环境伦理学等为代表的绿色伦理影响了传统伦理学的发展方向。西方伦理学在寻求内部蜕变的同时,也需要融入东方生态智慧和马克思的生态观。绿色价值范式以深生态学的理论完善为标志,它关注的是整个自然界的利益。

第一节　绿色发展的内涵

一、绿色的概念

绿色的概念是相对于灰色、黑色而言的。"绿色"是多个相关理论的内核精神,包括国外绿色思潮过程中形成的可持续发展理论、我国生态社会主义实践中的生态文明理论以及党中央高度重视的绿色发展理论等。"绿色化有着丰富的内涵。绿色是生命的本色,是生态系统生机勃勃的自然展现。'化'是一个过程,指事物要达到的某种状态。绿色化不仅表现为生态系统的自然本性,而且体现在人的精神世界中,即把绿色的理念、价值观,内化为人的绿色素养,外化为人的绿色行为。党的十八大把绿色发展作为生态文明建设的重要发展方式之一,绿色化就是绿色发展的内在要求和外在体现。绿色化赋予了生态文明建设新的内涵:它是一种绿色化的生产方式,也是一种绿色化的生活方式,还是一种以绿色为主导的价值观。"〔1〕

二、国外绿色思潮的梳理

国外有影响力的带有绿色思潮性质的活动,集中在两个阶段:第一个阶段是 19 世纪 60 年代末,第二个阶段是 20 世纪 70 年代,而后者(根据拉克

---

〔1〕 赵建军:《绿色化是生态文明建设重要标志》,《新重庆》2015 年第 7 期。

尔肖斯的观点)实质上已构成了类似哥白尼革命的关于人与自然关系的革命[1]。国外的绿色思潮经历了从自然保护的自发反思到自然保护的生态自觉两个阶段;我国的绿色思潮经历了从自然保护的生态实践到自然保护的生态伦理探讨(包括自然价值的探讨)两个阶段。

(一)绿色思潮的萌芽期及起源 (19 世纪)

绿色来源于思想者的反思。

事实上,绿色的模糊理念也的确是在仁慈主义[2]者和自然保护主义者中自发形成的。这个阶段的绿色概念可以理解为一种模糊的反思,它是前期的有关绿色的不成熟想法,并未形成体系。绿色是大自然的颜色,准确来说是大部分植物的颜色,然而思潮的萌芽却是从自然中非绿色的动物开始的,似乎大自然的强大韧性能够支撑其稍缓一些才显现出生态危机,而短命的动物更容易对人们造成生物多样性递减的烦恼。

笔者认为,绿色思潮的起点包含同一时期的三个方面;一是 19 世纪英国的自然保护运动;二是 19 世纪英国的仁慈主义者的思想;三是 19 世纪美国的国家公园思想。

1.19 世纪英国的自然保护运动

历史上有两次著名的环境运动。一是发生在 19 世纪英国的自然保护运动,保护对象首先是野生动植物,具体行动从为动物权利发声到反对皮毛

---

〔1〕 拉克尔肖斯(William D. Ruckelshaus)指出,世界上的绿色可持续发展运动只有新石器时代后期的农业革命和两个世纪前的工业革命能与之媲美。

〔2〕 仁慈主义:欧洲 17~18 世纪摆脱基督教庇护的一种博爱主义,也被用以讽刺新兴富商通过私人布施以拯救其良心的行为。仁慈主义在伦理学、神学和社会学等方面有不同含义。神学上主要指基督具有人性而不具有神性。在社会学上指自反宗教改革后,商业都市中的一些社团,试图依靠自己的努力在社会中进行互助活动。在伦理学上则指一种关于人性和人类福利的学说。其理论渊源于英国沙夫茨伯里(The Earl of Shaftesbury)、哈奇生(Francis Hutcheson)关于仁爱是人的本性的观点。仁慈主义认为人并不需要神的帮助即可完善自身的本性,只有人性本身才值得崇拜,人性即上帝,人不必去崇拜神或自然;并认为人的义务只限于人类福利方面,一切寻求减轻人类痛苦、增加人类福利的道德计划,由此甚至阻止虐待动物的活动,均属于此范畴。

交易。例如,从对待动物的残忍行为中觉醒的人们组织了皇家鸟类保护协会,并发起了当时颇有影响力的"反对穿戴羽毛"运动[1]。二是针对一些历史建筑文物的保护运动,而这也是一系列现代流行的环保理念的思想前奏。英国的古建筑保护协会在那时成立。英国的自然保护运动留下了优良的传统,即重视社会组织的作用。如英国当时最有名的两个协会——国民信托组织、自然保护区促进协会一直致力于自然景观和历史环境保护以拯救自然之美,这就有效解决了环境保护与发展平衡中的资金来源问题:一部分来自捐赠,一部分来自信托组织。

2.19 世纪英国的仁慈主义者的思想

与自然主义环境保护运动相对应的,是 19 世纪英国的仁慈主义者的思想的发展,他们大部分对哲学家的思想(包括布鲁克纳、洛克、边沁的思想)进行传承发展。仁慈主义者的传承以 19 世纪的索尔特(Henry Selt)为集大成者,他将英国扩展伦理共同体的思想推到了顶峰。他在 1892 年出版的《动物权利与社会进步》是动物解放运动的理论总结。"索尔特反对英国的道德习惯,在一个对烤牛排趋之若鹜的文化中他倡导素食主义,在第一次世界大战期间他提倡非暴力和动物权利。"[2]1891 年,他组建了仁慈主义者同盟,强烈支持动物权利的立法,他也因此成为澳大利亚的辛格、雷根(Tom Regan)的思想奠基人。索尔特明确指出:动物的解放将取决于人类的道德潜能的彻底发挥,我们真正的文明、我们民族的进步、我们的人性都与道德的这种发展有关。

在 19 世纪的英国还活跃着一位践行环保的人物——霍华德(Ebenezer Howard),对后世应对环境后续问题产生了很深的影响。他的思想主要针对社会问题特别是城市问题;是国外绿色城市化思潮的萌芽。"其著作《明

---

[1]　陈院:《英国自然保护运动探究(1870—1914 年)》,西南大学硕士学位论文,2013 年。
[2]　罗德里克·纳什:《大自然的权利:环境伦理学史》,杨通进译,青岛出版社,1999 年,第 29 页。

日的田园城市》写于技术革命后从资本主义自由竞争阶段向资本主义垄断寡头阶段的过渡时期的英国,垄断利益的形成导致英国大量中小企业破产,造成工人和农民失业。在伦敦、利物浦等维多利亚时期的工业城市中,工人住房条件持续恶化,贫民窟的数量空前膨胀,并沦为疾病与罪恶的代名词。"〔1〕然而与英国其他仁慈主义者不同的是,霍华德关注人口膨胀、地租上涨、穷人生存等社会问题。

3.19 世纪美国的国家公园思想

尽管美国的工业革命远在英国之后,但是在绿色观念的起源上美国与英国的仁慈主义者基本上是同步的。美国的代表人物是 19 世纪的缪尔。缪尔的国家公园理念也被认为是阿卡迪亚式〔2〕的公园观念。缪尔与加利福尼亚大学教师以及旧金山的律师在 1892 年共同创建了美国第一个环境保护团体——塞拉俱乐部。他与美国的第一个用行动对现实说不的梭罗不同:梭罗却步于对荒野的过度开发并满足于理想的半开发状态,缪尔倡导的则是完整的荒野保护,并且他还用自己的思想影响美国政治〔3〕。塞拉俱乐部的宗旨是谋取公众和政府的支持与合作,保护内华达山脉及其他自然资源。1903 年,缪尔得到了罗斯福的支持,之后罗斯福签署命令使约塞米

---

〔1〕 张晓媚:《卫星城还是社会城市——对霍华德田园城市思想的误读》,《城市》2016 年第 2 期。
〔2〕 阿卡迪亚式:"牧歌""田园诗画"的代名词。原指古希腊作家所臆造出的,位于古希腊山区的一个风景如画的美丽的世外桃源,那里是有名的田园诗歌之乡。诗人维吉尔把它描述成完满宁静的田园生活的理想之地。
〔3〕 这里是指美国国家公园历史上一个有名的争论。美国人拟定修建大坝向旧金山供水,但是大坝建成后,赫奇赫奇(Hetch Hetch)峡谷将被淹没。支持派以平肖(Gifford Pinchot)等官方人士和专家为主,他们认为在峡谷筑坝可以向数百万人供水,符合最有效地利用自然资源的原则。这一派的观点被称为资源保护主义,主张为了使用而保护,强调"科学使用"以减缓有限自然资源的枯竭。反对派以缪尔等民间有识之士和自然爱好者为主,主张峡谷应当受到保护,免遭人类活动破坏。这一派的观点被称为自然保护主义,提倡对自然的保护应尽量保持其原貌,强调自然具有独立于人类而存在的价值。1914 年美国国会批准了水库的修建计划。但是争论一直没有停止,最终直接推动了国家公园运动的发生,催生了 1964 年的《荒野法》。

蒂〔1〕成为国家公园。因为缪尔对美国和其他国家的公园制度的影响,人们在面对大自然的选择时多了几分保护的意识。

缪尔的自然哲学的灵感来自一次在加拿大沼泽地里的顿悟:一种学名为"Caplypso Borealis"的兰花让他"在花丛中坐下来并高兴得流下了眼泪",从而引发了他关于自然价值的思考。他"意识到植物的生长、开放是大自然的一部分,它们的存在目的是它自己,它们的存在价值也是它们自己,而不是为了取悦人类,相反的是,人类可以在自然身上汲取到力量。我尚未发现任何证据可以证明,任何一个动物不是为了它自己,而是为了其他动物被创造出来的"〔2〕。

缪尔通过对时代思想的批判来凸显自然存在的意义。他嘲讽他所处的时代为万能的金钱而牺牲荒野的卑劣低下的商业精神,他在批评人类中心主义时说道:"我们这个自私、自负的物种的同情心是多么的狭隘!我们对于其他创造物的权利是多么的盲目无知!"〔3〕与大文学家梭罗、爱默生一样,他也是美国超验主义的代表人物之一。梭罗认为:"爱"和"同感"的道德认识消弭了主客二元的界限,使得人与动物、植物联结成了一个不可分割的共同体。〔4〕缪尔认为,动物、植物甚至石头和水都是圣灵的显现,但是他辩证地批判了宗教文明,认为人类文明影响了人们对自然价值的认知。他说:"文明,特别是以二元论的方式把人与自然割裂开来的基督教文明,对这一真理却茫然无知。"〔5〕他认为大自然对人是有价值的,这个价值体现为大自然可供我们休息与恢复元气,为我们提供审美满足,并能够净化人类心

〔1〕 约塞米蒂国家公园:位于加利福尼亚中部,面积3061平方千米。景色优美的约塞米蒂谷坐落在公园里,包括世界上最大的3个裸露的花岗岩独石。

〔2〕 罗德里克·纳什:《大自然的权利:环境伦理学史》,杨通进译,青岛出版社,1999年,第43页。

〔3〕 包庆德、夏承伯:《国家公园:自然生态资本保育的制度保障——重读约翰·缪尔的〈我们的国家公园〉》,《自然辩证法研究》2012年第6期。

〔4〕 曾建平:《自然之思》,湖南师范大学博士学位论文,2002年。

〔5〕 罗德里克·纳什:《大自然的权利:环境伦理学史》,杨通进译,青岛出版社,1999年,第44页。

灵。他之所以保护山上的集水区,就是为了保留这些自然存在的价值意义,使得荒野中的自然生态不被人类行为破坏,给予大自然充分的生态恢复时间。他的思想捍卫自然的内在价值,保留了自然原发的生命力。因此,虽已历经百年,但他的思想在现在的美国依然焕发着年轻的生机。

(二)绿色思潮的成长期及酝酿(19 世纪晚期—20 世纪 30 年代)

绿色思潮在中期是处于潜伏和酝酿中的,其间人们开始意识到自然资源保护的重要性,并且支持这个重要性的相关思想和理论逐渐成熟,主要包括马尔萨斯的人口论以及生态学。

1. 环境保护思想在马尔萨斯理论的影响下得到发展

20 世纪初,英国还停留在文物上的自然保护阶段,因此并不能很好地理解自然资源保护一词。罗素曾经专门从整体自然环境的视角向公众强调这一概念。罗素认为的"自然资源保护不仅仅是保护好历史文物古迹、公共设施等建筑资源,还应包括保护好世界上的一切自然资源"[1]。他的解释使人们对自然的认识上升了一个台阶,即由单纯的对人的审美和舒适情趣的保护上升到对自然进行义务保护。

当时,人们还不能对自然保护形成较为统一的认识,直到马尔萨斯的理论成熟。马尔萨斯关注的不是今天意义上的自然资源,而是粮食供给的可持续性问题。

首先,他的人口论对"将人的欲望无限膨胀的资本主义机械观"进行了论据反驳。尽管在他之前,马基亚维利(Niccolò Machiavelli)、斯图尔特(James Stewart)、亚当·斯密(Adam Smith)等人均不同程度地讨论过人口增长的隐患问题。约翰·密尔(John S. Miu)所说的"大自然的吝啬"与马尔萨斯的言论不谋而合,即如果对粮食的需求不加限制,未来的粮食必定是

---

〔1〕 布雷恩·威廉·克拉普:《工业革命以来的英国环境史》,王黎译,中国环境科学出版社,2011 年,第 1 页。

短缺的。

其次,他的理论增加了绿色思潮发展的可能。马尔萨斯的核心思想源于复利理论。这是一个数学命题,即没有任何一个数可以在以复利增长的同时保持在有限的范围内。很早以前,复利理论被应用于借贷。"公元前1600年,巴比伦人就懂得以复利的方式放贷。"[1]之后,复利理论在人口发展与粮食供给中得以运用,并且延伸到对自然环境变化的讨论中。在亚非拉三大洲的某些地区,"二战后的人口一直是以年复利3％的速度增长,也就是说,上述地区的人口每24年翻一番并形成周期,那么,如果人口持续以此速度增长的话,人口将翻100万番"[2]。但与此同时,自然资源特别是地球内部资源的总攫取量是有限的。从物质上讲,人类不能指望永久地以复利的速度增加这些物质或其他商品的数量。马尔萨斯在《人口论》中写道:"人类把原材料变为商品的能力以及他们对物质的欲望,要远远超越地球能够提供给人类所需粮食的能力。"[3]

在马尔萨斯去世后80年,英国人才开始使用"自然资源保护"这一概念。马尔萨斯被认为是英国历史上第一个有影响力的保护自然的著名人士,主要因为他的思想对人们的环境保护思想影响巨大。

2.生态学的发展

1858年,美国的环境保护运动先驱梭罗在践行自然保护的同时,初次使用了生态学的概念。

在生态学萌芽时期出现了两个不同的传统:怀特(Gilbert White)主张的阿卡迪亚式的田园主义态度和冯·林耐(Carl von Linné)主张的自然的

---

[1] 布雷恩·威廉·克拉普:《工业革命以来的英国环境史》,王黎译,中国环境科学出版社,2011年,第3页。

[2] 布雷恩·威廉·克拉普:《工业革命以来的英国环境史》,王黎译,中国环境科学出版社,2011年,第2—3页。

[3] 布雷恩·威廉·克拉普:《工业革命以来的英国环境史》,王黎译,中国环境科学出版社,2011年,第2页。

统治。前者是后来生态学发展的主要方向；后者稳固了 19 世纪机械自然观的权威地位。

生态学概念于 1866 年被正式提出并逐步发展成为现代的生态学。德国生物学家海克尔（Ernst Haeckel）解释了生态学的现代含义。一个更加易懂并保存其原意的界定是"大自然的内务系统"。20 世纪 30 年代以前，英国大部分的生态研究只限于植物领域，生态学家的研究重点则放在植物的分布上，并揭示植物的繁衍，以达到某种自然环境或生态的平衡。1913年，英国的信托机构批准了两个地区作为自然保护地的研究基地。20 世纪30 年代，坦斯勒（Arthur George Tansley）提出生态系统的概念。之后，学者对生态系统理论进行了发展：有的学者将生态系统理解为具有"反馈环路"的稳态平衡系统，有的学者从物种之间的供养关系来探寻这个结构。沃斯特（Donald Worster）总结了生态系统理论的三个模式，即"共同体模式""能量模式""食物链模式"。

生态学的发展促使人们形成了真正的有关环境保护的整体观念。尽管进化论者如赫胥黎认为只有通过人类活动进化过程才能进行生态的改善，坚定的达尔文主义者仍然把人类视为自然界的中心，但是人类学家和生态学家等说明了进化论的失败：人类学家发现了人类颇为尴尬的弱点，即人类往往是比狼和灰雁更加残忍的动物；生态学家与地质学家、经济学家指出人类可能暂时镇得住大自然，但归根结底是大自然决定一切。在生态学中，人类被认为是强大的且有震撼力的，但这并不意味着人类是最重要的或者是最受尊敬的。生态学的发展促使人们的自发反思走向了反人类中心主义的共性研究，也促使人们对机械论、资本主义的增长弊端、现行价值观念等一系列问题进行深刻思考。

（三）绿色思潮的成熟期及爆发（20 世纪 30 年代以后）

"绿色"一词的真正应用是在 20 世纪 30 年代以后。因为只有相对于黑色工业带来的灰色文明而言，才能真正谈到颜色，而对工业文明带来的灰色文明的反思被广泛接受是在 20 世纪 30 年代起发生的环境突发事件之后。人们对工业文明危害的直观认识则来自骇人的八大公害事件，也是这样的现实案例证明了绿色思潮萌芽期和成长期的理论。

　　20 世纪 30 年代初到 70 年代，工业社会发生了全球瞩目的八大公害事件：1903 年比利时马斯河谷烟雾事件、20 世纪 40 年代初美国洛杉矶的光化学烟雾事件、1948 年美国宾夕法尼亚多诺拉镇的多诺拉烟雾事件、1941 年日本四日市哮喘事件、1935—1965 年日本熊本县水俣病事件、1955—1972 年日本富山县神通川流域的骨痛病事件、1968 年日本九州四国地区的米糠油事件、1952—1962 年英国的伦敦烟雾事件。

　　在绿色思潮中，出现了许多伟大的环保作品和思想，这些思想全部都指向了一种全新的价值。1972 年罗马俱乐部出版的报告《增长的极限》回应了马尔萨斯的观点，即人口和经济的增长一旦开始，就会趋于指数型。《寂静的春天》回应了康芒纳的思想，以通俗而又有张力的语言控诉了农业中化学品的应用对自然界生物链的破坏。芒福德在《技术与文明》中就已指出，一个扩张的时代正在被一个均衡的时代所取代，将工业世界带到下一个进化阶段不是灾难而是机遇。

三、国内的绿色发展理论

　　绿色发展理论是绿色思潮发展的结果。绿色发展理论与可持续发展理论、生态文明理论都关注人与自然的关系，但侧重点各有不同。可持续发展理论于 1972 年正式提出，关注的是代际公平和人类发展问题。可持续发展理论的成果与中国现代化发展的实际相结合，形成了我国的生态文明理论。生态文明理论关注的是建设什么样的文明的问题，其设想的文明样式区别于传统的黄色文明与现代的工业文明。绿色发展理论建立在可持续发展理论与生态文明理论的基础上，它结合了中国社会需要经济变革、技术理念需要革新的现实，经国外绿色思潮演化而来。绿色发展理论关注的是怎样建设"两型社会"(资源节约型社会、环境友好型社会)、如何引领生态文明建设的问题,其发展理念区别于机械论、二元论、还原论,也区别于工具理性。

绿色发展来源于对现代性的反思。"现代性危机蕴含在世界祛魅的过程中并引发了工具理性与价值理性、理性现代性与审美现代性的分裂和尖锐对立。西方社会的现代化过程就是以工具—目的理性的形式表现出来的,工业化和技术革命的巨大成功给这种工具理性的威力留下了明证。但工具理性试图把原则的普遍有效性还原为规律的客观性。西方现代性中又内在地包含着工具的合理性和价值的非理性的冲突。"[1]

我国的绿色发展概念是在生态文明实践的基础上提出的。绿色发展是绿色化在发展模式上的体现,强调经济活动和结果的绿色化。[2]"中国共产党2015年3月24日第一次提出绿色化概念,绿色化与新型工业化、城镇化、信息化、农业现代化并列为五化,这是国家的战略部署。"[3]绿色发展既是发展理念也是实践指引。

绿色发展理论是一种生态后现代主义理论,它在反思现代技术范式的困境的基础上,提出当代社会发展应向绿色生产力、绿色技术范式转变。"绿色发展的精神内核是通过转变发展理念,构建新的伦理价值、树立生态道德,从而达到生态文化同伦理建设和人文诉求的和谐统一。绿色发展以社会构建作为骨架,以技术体系作为支撑,它的系统特征是包容与和谐的统一。传统农业社会是一种黄色文明,工业社会是一种黑色文明,后工业社会及现代社会是绿色文明。"[4]绿色发展要求人们从传统工业文明下的技术范式转向生态文明技术范式。

---

[1] 郝栋:《绿色发展道路的哲学探析》,中共中央党校博士学位论文,2012年。
[2] 赵建军:《绿色化是生态文明建设重要标志》,《新重庆》2015年第7期。
[3] 赵建军:《绿色化是生态文明建设重要标志》,《新重庆》2015年第7期。
[4] 郝栋:《绿色发展道路的哲学探析》,中共中央党校博士学位论文,2012年。

第二节　绿色发展的价值论内容

近代以来,价值观的变革尝试是一个世界现象,人们对此形成了不同的观点。笔者认为,绿色发展的价值论主要体现在以下几个方面。

一、绿色伦理的崛起

传统的西方伦理学重视对人们的行为、思想和语言中的规范性道德要素的分析和阐述,并将这种分析和阐述从属于确定道德的判断标准,据此提出道德原则等规范性任务。

绿色伦理打破了西方伦理学传统,开始探讨除了人之外的伦理学,并将伦理学的范畴扩展到整个自然生物圈。绿色伦理不仅在思维上打破了传统伦理的主客体界限,还夹带了有关自然内在价值的讨论。

首先,动物解放论、动物权利论为道德范围的扩大奠定了基础。动物解放论思想缘起于 20 世纪 70 年代。澳大利亚的辛格提出扩大道德关怀的范围,将道德主体从人扩展至动物,并将"动物同人一样具有感受痛苦的能力"作为动物具备道德主体意识的逻辑起点。辛格的理论在学者对他的批评声中不断完善。环境伦理学家认为,植物也可以是道德主体,如斯通(Christopher Stone)1972 年提出关于树木的道德地位的问题。也有人攻击辛格将道德主体定义为单个生命体,缺乏整体主义的价值关怀,并指责他设定人类所有人遵循素食者道德与人类的生命本质相违背。但是辛格指出他的理论并不是在贬低他人,而至多算是抬高了动物。辛格的动物解放论尽管有争议,但散发着生命力,并影响了环境伦理学和生态马克思主义的部分学说。动物权利论由美国哲学教授雷根提出,它与动物解放论拥有相同的逻辑起点即"道德主体范围的扩大"。边沁曾说:总有一天,博爱将荫蔽所有生灵。动物权利论主要以"动物能够成为自己的生活主体"为论据,将道德主体从传统伦理学定义的人扩展至动物。传统伦理学认为,权利基于人的固有价值;动物权利论认为,动物既然可以是道德主体,那就可以拥有自己的固有价值,即动物理应享有生存不受侵害的权利。道德主体的扩大为自然价值观中价值主体的扩大奠定了理论基础。

其次,以史怀泽、利奥波德、罗尔斯顿为主要代表人物的环境伦理学的创立标志着绿色伦理在价值哲学领域崛起。环境伦理学主张新的伦理学革命,主张非人类存在和自然界其他事物的状态具有内在价值。泰勒认为承认环境伦理学要承认一切"非人"的生命体的内在价值。环境伦理学以1949年利奥波德发表的《沙乡年鉴》一书为现代起点。环境伦理学继承了新有机论的思想,开启了伦理学的新范式。传统的伦理关怀只涉及人与人的关系,甚至在伦理学发展的早期,伦理关怀只涉及社会中的少部分人。如奴隶社会时期伦理只是少数人的特权。伦理的本质是对部分人的规范,通过协调社会中人与人的关系,使其与社会利益保持一致。利奥波德提出了大地伦理的概念,将伦理学关心的范畴扩大到自然"共同体"这个整体。他认为:"迄今还没有一种处理人与土地,以及人与在土地上生长的动物和植物之间的伦理观。土地,就如同俄底修斯的女奴一样,只是一种财富。"[1]之所以说他的思想开启了伦理学的新范式,是因为伦理观的内核随之发生了变化,即利益准绳从人转向了自然:"当一个事物有助于保护生物共同体的和谐、稳定和美丽的时候,它就是正确的;当它走向反面时,就是错误的。"[2]环境伦理学主要解决了"是"与"存在"的休谟问题,它需要价值论上的飞跃,而生物学、人文学科提供了这种飞跃的可能。"在生物学、历史学

〔1〕 奥尔多·利奥波特:《沙乡年鉴》,侯文蕙译,吉林人民出版社,1997年,第192页。
〔2〕 奥尔多·利奥波特:《沙乡年鉴》,侯文蕙译,吉林人民出版社,1997年,第234页

都与伦理学联系密切的情况下,这种飞跃的发生就变得容易了。"〔1〕

最后,生态写作的兴起使得对道德、灵性的思考成为一种潮流。梭罗认为,对我们所处的自然的认识来自道德觉醒。这种道德觉醒来自对自然界一切生物的"爱的共同体"的认识:自然界的生物,无论植物或者动物,均是"爱的共同体"的一员。梭罗对自然的认识探索来自洞察内心的反省:这种认识是道德上的认识,它以"爱"和"同感"为基础。

绿色伦理崛起的意义在于它影响了西方伦理学的走向。西方伦理学未来发展的两个方向(一是内部整合寻求理论的蜕变,二是进行外部融合)即要吸纳东方传统生态智慧和接受马克思主义自然观所蕴含的生态思想。

二、绿色价值范式的发生

首先,绿色发展依据新的科学范式提供新的认识论和价值论。绿色发展提出了绿色道德的观念。绿色道德的构成包括生态善恶观(热爱生命和敬畏生命)、生态良心、生态正义与环境正义、生态义务。热爱生命和敬畏生命这项道德准则是绿色道德的内在基础;生态良心将责任感、同情心的范围从人与人的关系扩展到人与自然,构建了绿色道德的行为选择标准;生态正义强调代际平等,环境正义强调国家间平等,二者构成绿色道德的外延;生态义务是人们的共同自觉行动,是生态良心的行动外化,是绿色道德的具体实践内容。绿色发展批驳传统范式对人类社会的危害:以牛顿力学为基础的现代科学范式为工业文明的发展提供了支撑,但是这种科学范式及其不断分解的范式提供了一种不完备的认识,即人与自然的关系是单向的、线性的,引导人们的价值主题是人类可以凭借科学利剑解决一切问题的人类中心主义。随着第二次科学革命的发生,科学的非线性特征凸显,具体表征是量子力学和相对论的提出。新的科学范式提供了一种新的非线性的认识,

---

〔1〕　奥尔多·利奥波特:《沙乡年鉴》,侯文蕙译,吉林人民出版社,1997年,第110页。

即人与自然是一种非单向的复杂关系,在"人—自然—社会"这个复杂的巨系统下会衍生出全新的价值认识。

其次,从浅生态学到深生态学的蜕变也预示着绿色价值范式的形成。深生态学除了主张价值反思,还更多地关注实践,指出环境问题的源头是工业文明的发展理念和生活方式。于是,技术范式的演进、文明模式的更迭逐渐进入生态弄潮儿的理论视野。深生态学的环境伦理准则有两条最高准则,即"自我实现"和"生物中心的平等"。自我实现是为了达到生命的共生,即"多样性保持得越多,那么自我实现就越充分"[1]。深生态学对人类中心主义采取摒弃的态度,认为新的实践进步依赖于新的思想、新的价值和新的文明范式。而推进价值观变革的最强力量是实践。深生态学区别于浅生态学的最基本特征是蔓延全球的生态学运动。此外,深生态学也关注国际环境问题处理中存在的生态正义问题,认为发达国家转嫁生态危机、高消费的做法是不正确的。深生态学在思想上与生物多样性、文化多样性是一致的。

生态学领域的专家认为,浅生态学关乎人类中心主义,深生态学关乎整个自然界的利益。在思维领域,浅生态学还是以培根、笛卡儿、牛顿形成的资本主义时期的机械观为主要构成,深生态学则转向探讨环境问题背后的深刻社会原因,在思维上转向价值观革命。浅生态学思想指导了20世纪六七十年代的第一次环境运动,深生态学思想指导了20世纪90年代的第二次环境运动。浅生态学在传统的理论和思维框架下对实际存在的问题做了政策性的探讨,以1972年《增长的极限》为指引;在1972年斯德哥尔摩召开的全球第一次环境发展大会以后,各国都制定了应对国际环境危机的政策。但是浅生态学只是思维变革的前奏,它还没有触及传统的资本主义发展的思维基础和价值基础。浅生态学具有极端的经济观、盲目的技术观、共同责任的政治观的思想特点;深生态学具有辩证唯物的自然观、和谐统一的经济

---

[1] 张天晓:《自然价值的重估与诗意的栖居——罗尔斯顿环境伦理思想研究》,湖南师范大学博士学位论文,2007年。

观、革命的技术观、生态安全的政治观。[1] 总的来说,没有动摇发达国家统治的思想基础,放任资本主义的罪恶继续蔓延,是生态危机在浅生态学时期不但没有减轻反而加重的深层原因。但是全球的共担的政治观还是有着非常好的思想启蒙作用。浅生态学的失败也促使人们进一步挖掘新的理论指导现代社会的生态实践。

浅生态学和深生态学的发展无论是在理论层面还是实践层面,均是人类中心主义向自然主义的进化发展。浅生态学的失败和深生态学的深远影响表明,深生态学更具思想活力。

三、东方价值哲学的兴盛

中国古人主张"天人合一""万物生死相依"的生态整体观,传统的东方在历史上和文化上更注重和谐。相对于西方重视逻辑与理性,东方文化中的整体性思维、辩证思维更容易形成绿色发展理念和推进绿色发展实践。

首先,道教中的"天人合一"指向了自然价值整体性思想。反观历史,自然的内在价值在中国古代哲学的天人合一思想、佛学思想中均有深刻的体现,只是在近代的科学主义浪潮中逐渐被忽视了。

天人合一的思想体现了自然的内在价值。宋代的张载在《正蒙·乾称篇》中指出:"天包载万物于内,所感所性,乾坤、阴阳二端而已。"他首次明确地提出了"天人合一"的概念:"儒者因明致诚,因诚致明,故天人合一。"他认为自然的内在价值体现在对万物的同等尊重。张载提出"民胞物与"说:"乾称父,坤称母;予兹藐焉,乃浑然中处。故天地之塞,吾其体;天地之帅,吾其性。民吾同胞,物吾与也。"这一主张和佛教的"众生平等"思想与现代的利奥波德提出的土地伦理有着相似之处。后来的宋明理学也借助天与人的统一建立起"心"或"理"的概念,为儒家道德建立终极的基础。[2]

---

〔1〕 郝栋:《绿色发展道路的哲学探析》,中共中央党校博士学位论文,2012 年。
〔2〕 刘海龙:《天人合一思想的继承与重构——生态伦理的视角》,《前沿》2010 年第 5 期。

其次,佛教中的"众生平等"指向了自然价值主体性思想。佛教思想承认自然的内在价值,并主张自然的内在价值与工具价值的统一,反对以人为主体的自然价值认识。

佛教承认万物皆有佛性,万物都具有内在价值。所谓"一切众生皆有佛性","郁郁黄花无非般若,清清翠竹皆是法身"。佛教肯定一切众生,无论是有情的动物还是无情的山川、花草、树木,都具有内在的佛性,都具有自己的内在价值。佛教更提倡积极主动地保护生命,所谓"救人一命胜造七级浮屠",这同样适用于对待其他生物,"一切屠杀,皆令禁断。无足二足多足,种种生类,普施无畏,无欺夺心,广修一切诸行,仁慈往物,不行侵恼,发妙宝心,安隐众生"。佛教追求万物一体,所谓"天地同根,万物一体,法界同融"。整个世界是一个相互联系的整体,不可分割,一切现象都处在相互依赖、相互制约的因果关系中;一切生命都是自然界的有机组成部分,离开自然界,生命就不可能存在。自然只有作为一个整体时才具有终极价值。人虽然是"天之骄子",但也不过是整个世界因果链条上的一个环节。

佛教讲求众生平等。这里的"生"超越了人的范围,包括一切动植物的自然存在。在佛教中,"众生"这个词的含义是十分宽泛的,佛教所讲的众生有十类,称为"六凡四圣"。"六凡"是鬼、地狱、畜生、阿修罗、人、天,"四圣"是声闻、缘觉、菩萨、佛。那么,所谓的众生平等就不局限于不同个人、不同人群、不同人种之间,而是超越了人的范围,涉及宇宙间的一切生命,并且这种平等是本质上的平等。人和其他生物在生死轮回中的不同际遇所造成的存在形态上的高低区别,只是假象而已。因此每个生命,既无须为此自卑,也大不可为此自傲。这无疑是破除了人类中心主义的狂妄。从万物平等的立场出发,佛教自然而然地引申出对万物的道德关怀,它要求人们普度众生、泛爱众物、慈悲为怀。慈悲是佛道之根本,"一切佛法中,慈悲为大"(《大智度论》)。在佛教看来,"大慈与一切众生乐,大悲拔一切众生苦"(《大智度论》)。"慈"即"与乐",就是给所有众生以快乐;"悲"即"拔苦",也就是拔除所有众生的痛苦。宇宙万物都会有不同程度的忧愁和痛苦,而作为有智慧的人,应当忧其所忧、痛其所痛,爱护一切生命使之不受侵害、各得其所。

佛教提倡尊重生命,反对任意伤害生命。佛教主张善待万物,尊重生命存在的权利,并把"勿杀生"作为戒律之首。

正因为现代思潮中有着对二元论、工具理性以及唯我论的批判,绿色发展的价值哲学才得以兴盛。20 世纪后期,哲学处于建设性的后现代语境中。中国有机论的哲学和东方古典哲学也有了重放光彩的机遇。

第六章

绿色发展视野下的自然价值建构

绿色发展视野下自然价值的建构,在本质上是人类对自然价值问题认识的进一步深化,是对传统价值观整体上的修正。如何在传统价值观的基础上,构建新的自然价值观念?本章内容回应第一章,探讨自然价值的存在论形态、自然价值的认识论形态以及自然价值的价值论形态。

第一节　绿色发展视野下自然价值的
存在论形态

自然价值的存在论形态建立在自然价值理论发展的历史过程中。历经传统价值理论的变革与发展,自然价值的存在基础告别了价值主体和人的尺度,转向"自然的内在价值"。

一、绿色发展视野下自然价值的存在基础

(一)对人类认识的反思

我们说到价值,总是习惯于将人类评价作为认识依据,其实是犯了认识与评价前后逻辑颠倒的错误。通过系统的梳理,笔者发现,人类价值观中根深蒂固的人类评价依据的思维方式,主要源于主客二分、主客对立。

1. 认识顺序:存在—认识—评价

首先,笔者认为有必要突出"先有认识才有评价"这个观点。认识是我们形成价值观所必需的,评价不是。评价是价值理论发展过程的结果。传统价值观下我们对自然的价值评价之所以基于人的尺度,单纯地将人的喜恶、人的尺度作为价值标准,是因为人类中心主义的惯性思维形成的桎梏难以被打破。

其次,笔者认为有必要突出"先有存在再有认识"这个观点。我们在看

127

待自然价值时,不一定就问题谈问题,而是应当在认识问题过程中对问题本身进行反思,并发现传统思维二分结构的盲点和障碍。跨过这些障碍需要借助新的方法论。

所以,我们的认识顺序是"存在—认识—评价"。那么自然的客观存在理应成为我们认识的依据,而不是本末倒置地首先考虑人的评价。

2. 两种认识反思

首先,应当承认人类思维的有限性。人类思维因为在客观存在的自然界中产生,它的局限性就在于自然界表现的"存在"状态。从这个意义上说,人类思维的有限性是不可避免的。若要扩充人类的认识思维,就应控制好人类社会对自然界"存在"的侵占。人类将自己无法经验到的均认定为无法认同的,所以人类承认"非人类价值",却不承认"非主体价值"。

其次,人类应当认识到自然的需求。消费主义的精神内核是放大人类的需求、压缩自然界的需求,通过对自然的无限制开发满足人类私欲;功利主义的精神内核是在个性需求、集体需求之间找到平衡。这两种从传统价值唯我论思维衍生出的现代价值观遭受了现实困境,究其原因,是忽略了自然的需求。自然作为存在主体,有着自然进化、有序存在的环境需求;在自然与人类的交换过程中,自然作为交换主体,有着生态修复时间和生态修复空间的需求。我们看到,环境问题的根源是人类过度使用自然,在工具价值的思维指引下对自然进行时间、空间的挤占。

(二)以事实与价值的统一为认识依据

事实与价值的弥合在新兴的哲学思想中已经有了描述。首先,价值哲学观点已经为我们提供了理论先例。例如,利奥波德的土地伦理学直接将伦理边界、价值主体扩展到动物界、自然界;罗尔斯顿讨论的自然价值本身已经包括了事实与价值的统一。此外,东方思维对自然存在物的道德关切体现的是一种存在价值。

其次,新兴的哲学思想为我们提供了理论基础。最先打开理论缺口的是黑格尔,他的自然哲学强调重视有机生命的存在意义;海德格尔的存在之思打破了主客二分思维,告别了主体性时代,将哲学的关注点引向存在意义;杜威的实用主义是对休谟经验论的超越;塞尔尝试用言语行为逻辑解决自然主义谬误问题。

二、绿色发展视野下自然内在价值的类型

自然的工具价值贯穿于我们的消费行为和对自然的利用之中。人类所利用的地表自然、地质自然与地壳自然,形成了自然的工具价值。工具价值只是自然价值的很小的一部分,像冰山一角,自然的内在价值才是我们需要挖掘的主要部分。

但是本书主要反思的是人类对自然"存在"的认知不足,因此笔者在梳理了自然价值的思想史之后,认为有必要强调以下观点:在"以事实与价值的统一为认识依据"的思想指导下,自然的内在价值体现为自然不以人的意志为转移的客观存在。存在本身是一种价值,自然的内在价值表现为以下四个方面。

1. 荒野地价值

自然的荒野地价值体现在生态链和生态环境的稳定性之中。所谓荒野,是指没有人工破坏的地方、人的行为影响不到的地方。自然的内在价值不必是一成不变的。如果某一自然物有一个有趣的历史,或者有高度的和谐感,或体现出高质量的设计感,就可以是有价值的。自然的内在价值迫使价值从个体身上脱离,走向个体所处的生态网。

人类价值体验仅仅是荒野地价值的一部分,其他我们体验不到的或者经验不到的,只能说我们的认识还没有发展到那么全面,而不能据此否认它们存在的意义。例如,鸟不管有没有人在听,都会鸣叫,相对于自然,会鸣叫的鸟是有价值的。因为作为鸟类,它的鸣叫均是一种表达,或表达快乐或表

达痛苦,而这个是人类无法经验到的。

2.有序性价值

自然的有序性价值体现在有序自然对无序自然的统治上。我们经常说自然本身就是一个丛林,每个自然中的生物在其存在状态中不断面对的是竞争或死亡,因而自然被认为是丛林的;自然作为一个道德上漠然的存在物,"它是一个无情的事实,无情地存在着,对生命没有任何关心,反而充满了威胁"[1]。自然中充满了荒野的大屠杀,从而形成了一个巨大的食物链金字塔,在生态系统中,"每个有机者都是一个机会主义者",因而自然被认为是无序的。但是不要忽略了,以上所有描述都仅仅是自然的一个状态,它仅仅构成了自然的一部分存在,而不是全部,这个部分称为"无序自然"。无序自然中的丛林性、道德漠然、无序性的确存在,它也的确不能作为价值的主体存在,但是无序自然不能替换掉整个自然。从局部看整个自然体系,无疑是以偏概全,犯了人类中心主义的错误。因此,我们应正确看待无序自然中的价值体系。

我们应当认识到除了无序自然,自然还有有序的一面,这种有序性支撑了自然内在价值的存在。首先,自然的有序性体现在自然历史中的方向感。自然能够迅速地降解生命体,又能迅速聚集生成新的生命体,这是对立统一的存在。自然的神奇之处在于"尘土能自发地聚集成寒武纪的虫子、白垩纪的负鼠,最后又形成惊奇的思索自然的人类"[2],使得整个生命之流有着一个最终的方向。对生命的指引可以看作自然存在带来的价值。其次,自然的有序性体现在自然资源转换的最后结局中。例如兔子被狼吃了,"似乎对兔子的生命之流是一种损耗,但对狼的生命之流却是一种营养"[3]。进化过程中的不断竞争或消亡看似残忍,实际上是一个个单独的主体追求更

---

[1] 霍尔姆斯·罗尔斯顿:《哲学走向荒野》,刘耳、叶平译,吉林人民出版社,1986年,第39页。
[2] 霍尔姆斯·罗尔斯顿:《哲学走向荒野》,刘耳、叶平译,吉林人民出版社,1986年,第227页。
[3] 霍尔姆斯·罗尔斯顿:《哲学走向荒野》,刘耳、叶平译,吉林人民出版社,1986年,第228页。

多的优势,其结局是整体的进步。"荒野中没有任何生物知道自己会成什么样的,因此这其中的演化很多是超越个体的。"[1]追求整体进步是自然存在告诉我们的一个重要思维,这也可以看作一种价值。

3.思维启迪价值

自然的思维启迪价值是指自然存在的物体和客观规律对人类思维的影响。从对人的思维启迪来看,罗尔斯顿指出的五种自然价值中均包含着自然对人类思维的启迪作用,例如自然的科学价值启迪人类的思维发现,自然的审美价值启发人的直觉和灵感,自然的宗教象征价值包含了人类面对自然的哲学沉思,自然的多样性价值启发人们追求心智的多样性和思维的广阔性。

首先,人类对自然科学的追求和对艺术的追求一样,是深植于内心的有内在价值的活动。自然,只有在足够引起人们兴趣的前提下才会让科学家觉得它是值得追求的。例如,侏罗纪时期的恐龙化石在人类的博物馆中得到了保存,作为远古时期的动物对于现世中的人类已经丧失了表面的工具价值,对于人类而言它是一具没有任何经济价值或生命支撑价值的大型动物遗体,但是它的封存究其原因却是体现在对人类思维的启迪作用上。艺术和科学一样,有时就是为了解决自然中存在的冲突,自然为人类思维提供冲突源泉以及解决办法,人们通过对自然的科学价值和审美价值的把握而使思维向前发展。大多数时候,艺术思维可以激发人的直觉思维、悟性思维。有时我们可以在好的艺术作品中看到抽象的自然,从而在审美层面将认识升华为一种抽象的、模糊的、缺乏直觉的思维。

其次,自然设定了生与死的基本主题,能够使人产生关于"人之所来、人之所终"的生死问题的遐想,以及对"人之所以为人"的现世问题的思考。而人们在面对这种价值选择的时候,总要动用想象、辨别的能力。

最后,自然的复杂性决定了人作为求知对象的思维的复杂性。人的心

---

〔1〕　霍尔姆斯·罗尔斯顿:《哲学走向荒野》,刘耳、叶平译,吉林人民出版社,1986年,第229页。

智产生的源头必然是内在的自然存在,一个具有多样性价值和统一性价值的自然存在。人类在历史长河中经历了两个极端:曾经的农业文明时代处处充满自然的多样性挑战,人虽弱小却在危险中与自然抗衡;工业文明时代处处充满了人工自然的统一性挑战,同质化的城市、同质化的政策结构、同质化的消费,产生了人的思维的同质化,人变成了技术化的存在。只有用辩证的思维认识自然的多样性价值与统一性价值,才能在绿色文明时代促进人类思维的新发展。

4.整体性价值

自然的整体性价值体现为自然存在本身。自然中存在这样的逻辑:个体—生态系统—人的生命。自然中的个体支撑了生态系统的完整性,也支撑了人这个生命的延续。

自然是一个循环的半开放的生态系统。为什么这么说呢？除了荒野自然可以是完全的封闭的生态系统,我们接触的大部分是已经加入了人工自然的半开放的生态系统。"我们的文明程度越高,我们对'自发自然'依赖更少,从而就越来越远离自然。"[1]在我们构建自己的文明史时,我们与自然的关系渐渐就从过去的融合的关系演变为利用的关系。例如在水泥城市中,我们与自然的融合是星星点点的自然装饰,真正的自发自然离我们的视线越来越远,我们的价值关注也只是人与人的和谐,从而衍生出人的在世伦理和交往道德。

自然的整体性价值表征在人类实践中是人的同情心的表达,即对生命的关切。具有价值是一条普遍性原则,这个普遍原则在宗教中有很好的体现,任何一个伟大的宗教都教导人们崇尚生命,并且生态伦理学在诞生之初也表达了对生命的关切。

---

〔1〕 霍尔姆斯·罗尔斯顿:《哲学走向荒野》,刘耳、叶平译,吉林人民出版社,1986年,第124页。

第二节 绿色发展视野下自然价值的
认识论形态

一、对传统价值观中主体性问题的解决

(一)科学哲学对二元价值的消解

要突破人在认识过程中唯我的、仅仅将人类利益作为价值考量的思维界限,需要在现实科技进步中找到新的思维突破口。19—20世纪的科学新发现中形成了新的哲学思维,这样的科学哲学对曾经的二元价值认识来说是突破性的。

首先,过程哲学形成了一种新的价值思维,即整体的价值。这种思维注重对二元价值的消解。怀特海是过程哲学的开创者。他说:"当一个实体在它的界限,即在其中才能发现自己的更大整体之内整合起来时,它才是它自身;反之,也只有在它的所有界面都能与它的环境,即在其中发现自己的同一个整体相适应的时候,它才是其自身。"〔1〕怀特海在《过程与实在》一书中阐述了过程哲学或机体哲学思想。这个思想随着分析哲学的式微及其与人本主义哲学相融合的趋势,受到越来越多的东西方有识之士的青睐。马克思和怀特海尽管拥有各自的哲学立场,但由于其某些原则的共通性,而在

---

〔1〕 叶平:《非人类中心主义的生态伦理》,《国外社会科学》1995年第2期。

以下问题上达成共识:存在论意义上自然自身价值的确认、有机论下人与自然关系的内在化、过程论中现实世界的生成指认、理想主义之和谐论发展论的旨趣。它们不同程度地关涉生态文明的前提、必要性、可能性和目标,为生态文明建设提供了哲学思维。

其次,系统哲学尝试一种新的价值解释,即系统的价值。系统哲学家曾经总结了系统的四大特征:整体突现性、等级层次性、适应性自稳定、适应性自组织。20世纪20年代机械唯物论生物学家杜里舒(Hans Driesch)所做的海胆胚胎实验显现了生命系统的奇特行为,使一些生物学家感到生命体内一定存在着灵魂,于是他们纷纷从唯物论倒向了唯心主义的活力论。海克尔(Ernst Haeckel)的比较胚胎学表明,自然是进化的个体,发育是种系发育过程的阶段性重演,而这个重演是从无序走向更高的秩序。贝塔朗菲(Ludwig von Bertalanffy)是系统学的创始人,认为用灵魂、活力来解释生命现象是不科学的,但是机械论也不可能很好地解释生命现象。生物体的这种具有能动性、目的性的行为,可以用系统的整体性来说明,也即每个部分中都包含着整体的性质。贝塔朗菲认为:生命就表现出这种部分与整体之间的相互作用,这种特性使生命表现出整体的不可分割性,表现出层次性、动态性、结构性、有序性、稳定性、协调性和目的性等。他的进一步的研究发现:系统不仅是生物的模式,而且是宇宙中一切事物的模型;世界是系统,处处都是系统。

最后,19世纪的进化论思想也影响了自然价值论。进化论所主张的生命的同一性和连发性特点正是自然价值的理论支撑。人类在进化的历史上只不过是一个偶发的事件,人类是生命物种进化或延续的结果,而不是最终目的。离开了自然中的多样生物物种,人类的历史的存在也成为不切实际的事情。承认自然偶发性力量带来的结果是承认人类文明的前提,因此人类应当持有尊敬自然的态度,所谓的生态良心也由此而来。生态良心是指责任感、同情心的道德律令不仅存在人与人的关系之间,也存在于人与自然的关系之间。

（二）对认识论的超越

随着哲学的新变化和新发展，主客二分的认识方法失去了原有的魅力，哲学完成从本体论到认识论，进而到价值论的超越发展。哲学思维跳出了认识论的二分困境，逐渐走向价值论和实践论。

1.从笛卡儿到康德，哲学家一直对世界采取主客二分的认识方法

笛卡儿认为"我思故我在"，"我"是认识的主体，这个主体意识是绝对的，对世界的认识主要源自这个主体意识；认识客体是世界万物本身，包括自然。笛卡儿留下的一个悬而未决的问题是"特殊的我思者的存在样式问题"，或者更准确地说，是这个"我在"的存在意义问题。

在价值哲学领域也有不少人对二元价值进行了批判。与笛卡儿相反，洛克认为对待动物的不友善在道德上是错误的，错误源自对待动物的残忍给人类带来的影响。莱布尼茨反对把存在物区分为生物和非生物，他相信所有的事物都是相互联系在一起的。斯宾诺莎也充分认识到生物圈各部分的相互联系，他把终极伦理价值奠定在整体、系统而非任何单一的短暂个体的基础之上。在他的哲学中，没有最低者和最高者，一棵树或一颗石头拥有的价值和生存的权利与人一样多。

康德从认识论角度将世界划分为可以从两个尺度认识的世界，即客观世界和主观世界，并据此探讨了此岸和彼岸的不同。客观世界依赖于物理学之后的形而上学，"此岸"的事情用"人类理性"解决，人类可以凭借理性认识这个客观世界；主观世界依赖于精神现象学，"彼岸"的事情用"人类理性之外"的方法解决，人类认识主观世界的方法是上帝的精神和意志。阿多诺在《否定的辩证法》中曾经指出："当康德严格地在他的实践哲学表明了'是'与'应当'之间的鸿沟时，他被迫接受中介，但按这种方法，他的自由概念又变得自相矛盾了，因为自由被塞进了现象世界的因果性之中，这与康德的定

义相悖。"〔1〕

2.黑格尔的自然哲学试图对主客二分的认识方法进行超越

黑格尔试图对认识论上的主客二分进行弥合,但是他最后在扬弃理论中还是不可避免地走向了唯心主义。黑格尔认识到世界并不是截然地划分为主观和客观,世界是"绝对精神"的外化。黑格尔在《自然哲学》中阐述了他的自然概念,认为"自然界是自我相关的绝对精神",同时运用思辨的方式批评了经验主义的自然考察方式"仅仅停留在非反思的无限性的关系上"。

首先,黑格尔试图通过辩证的态度达到对二元论的弥合。他的自然哲学的扬弃精神在他论述自然哲学思想时多有体现,"他既批评了那种认为自然事物通过量变从不完善逐渐达到完善的进化说,也批评了那种认为自然事物是完善退化为不完善的流射说……他既批评了那种从感性知识出发,不发挥能动性,一味静观默想的片面理论态度,也批评了那种从利己欲望出发,无视客观规律,肆意砍伐自然的片面实践态度"〔2〕。一方面,他支持物理学对哲学提供帮助,"以便哲学能把提供给它的执行知识的普遍东西译成概念"〔3〕;另一方面,他也批评自然科学家那种蔑视思维和纯粹经验主义的思维。不仅如此,他在哲学扬弃中找到了自然科学与自然哲学对立的原因,试图运用更加具有逻辑性和思辨性的思维整合这种对立。

其次,黑格尔的有机论态度体现了他的整体思维。他认为"只有发展到有机领域才出现了具体的总体,出现了能够自我保持、自我组织和自我繁衍的有机生命,这种自为存在着的总体或形态以自身为目的,征服了自己内部的和自己周围的各个环节,把他们降低为手段,于是那种自己规定自己的概

---

〔1〕 阿多诺:《否定的辩证法》,张峰译,重庆出版社,1993年,第121页。
〔2〕 梁志学:《黑格尔〈自然哲学〉简评》,见黑格尔:《自然哲学》,梁志学等译,商务印书馆,1986年,第1—27页。
〔3〕 梁志学:《黑格尔〈自然哲学〉简评》,见黑格尔:《自然哲学》,梁志学等译,商务印书馆,1986年,第1—27页。

念或在生命里找到了自己"〔1〕,这说明他对有机论抱有希望的态度。只可惜这个希望没有上升为整体思辨的认识,而是仅仅成为他的"绝对精神"的主张;如果抛掉他思想上唯心主义的外壳,人们无疑会惊讶于他的天才猜测。

3.小结

黑格尔的自然哲学思想已经在科学与哲学之间的固化藩篱中打开了缺口,引发人们对片面的自然观进行思考,特别是对能够自我繁衍生息的有机生命予以重视。这就要求我们承认自然内在价值这个客观存在物——它不受人的思维所左右,并进一步思索自然价值的成因与存在基础,从而更加重视自然、更好地保护自然。

马克思认为主客二分的矛盾需要在实践中解决。马克思超越了黑格尔,进一步发扬了黑格尔的扬弃精神,认为黑格尔认识问题的方式正确但解决问题的思路不对。按照黑格尔的思路,"自然具有自我异化功能,自然现象是人类精神的外壳,绝对精神就包含于这个外壳之中"〔2〕。马克思认为黑格尔主张的"精神产生自然"属于唯心主义,是一种变相的创世说。但是黑格尔的扬弃的辩证思维值得借鉴。马克思认为,作为认识主体的人在实践中是主客一致的,依靠实践才能解决主客二分的矛盾。

根据马克思的观点,我们看待自然价值时坚持人这个认识主体在实践中主客一致的特征,就可以弱化主体对实践的意义,而仅仅从目的角度辩证地看待自然价值和人类价值,在实践中实现二者的矛盾统一。

(三)当代哲学对"存在"价值的肯定

自然价值的主体性问题,其实也可以表述为"自然的事实存在能否被认为是有价值的"。

---

〔1〕　梁志学:《黑格尔〈自然哲学〉简评》,见黑格尔:《自然哲学》,梁志学等译,商务印书馆,1986年,第1—27页。
〔2〕　黑格尔:《自然哲学》,梁志学等译,商务印书馆,1986年,第38页。

1. 对主体性的淡化

海德格尔在《存在与时间》中也告别了主体性。海德格尔指出：尽管笛卡儿有极大的抱负，但他没有探寻其论点的基本原则事实的基础；他把自我解释为思维实体，通过"我思故我在"的原则，他正在把哲学推置于一个崭新而可靠的根基之上。面对人类思维上的主客二分的困境，海德格尔将人类的思维引至一个新的领域：任何问题，不是问它是什么，以及怎么样去认识，而是探讨这个问题对人的意义即价值。

海德格尔将人的问题放在人的存在现状中讨论。海德格尔认为，人的存在现状是在技术的座架中。就技术而言，工具性的东西本身并不是技术，技术不仅是手段，还是一种"解蔽"方式；而在现代技术中，"促逼"才是技术的本质。例如耕作，现代的耕作与农业文明时期的耕作已经完全不同，在其本质上有区别：农民先前的耕作更多是照料和关心土地，而不是促逼土地；但是现代技术下田地的耕作已经沦为一种完全不同的摆置着的自然的订造。用"座架"一词来命名那种被促逼着的要求——这样来看的话，人的现存状态是处于技术的"座架"中。而解决这个问题的关键在于技术本身，因为有危险之处即为希望产生之处，自然的规律使某物生长之处便是它的植根之处、发育之处。自然的辩证的生长逻辑也使我们更多地思考存在的合理之处和蕴含的价值。

海德格尔认为，人的问题以及人的存在现状所展现出的思维上的问题比这个问题本身更为重要。他提出人在思维上要实现"诗意的栖居"，即实现人类思想真正意义上的自由。真理的本质乃是自由。探讨人的本质问题时，人（此在）的被"遮蔽"是本质，自由乃是"参与到存在者本身的解蔽过程中去"，而自由的本质显示为进入存在者之"解蔽"状态的展开。

2. 对存在意义的重视

海德格尔重新思考了存在的意义，从而找到了突破人类思维旧有局限的新突破口。

存在意义的问题是哲学的基本问题,对这个基本问题的淡漠是现代哲学的疏忽。康德认为,"自明的东西"而且只有自明的东西应当成为哲学家的事业。海德格尔认为,哲学的终极任务是解释何为存在,对于一件事物的意义的重新思考比问题本身更重要;"问之所问"是存在,"问之何所问"也是存在的意义,在存在问题中,被问及的东西恰是存在者本身;哲学的发问不仅包含问题的发问,更应包含被问及的东西。海德格尔的"存在"概念是自明的、能促进哲学之思的概念。海德格尔将"存在"定义为"通常而模糊的存在",其含义是:我们不知道存在说的是什么,也没有进行过深究,但是已经栖身在对"是"的某种领悟之中了。

3. 小结

虽然海德格尔哲学的"存在"概念不同于自然存在的"存在"概念,但是它对于我们探讨自然价值问题的意义十分重大。海德格尔的存在哲学奠定了自然价值建构的认识论基础。首先,海德格尔的存在哲学对现实世界的反思态度包含了对传统价值观的否定,他对技术座架的反思以及对人的重新思考也打破了以人为核心的唯我论的思想统治。因此,我们在建构自然价值时要突破主客二分思维,告别主体性时代。其次,海德格尔关于实现人类思想真正意义上的自由的想法建立在人们对"思"的问题的重视之上,这要求我们重新构建价值哲学体系,实现人类的诗意栖居。

探讨自然价值问题,为什么要把它带入存在的现状中讨论?因为自然价值问题的核心是自然有没有价值以及自然有什么样的价值,自然价值问题的存在现状是现代化的逻辑出现了问题:一种主客二分的逻辑造成人与自然的分离。现代化逻辑下的分离形式对自然价值问题的直接影响是人们只从人的尺度认识自然价值问题,这个问题只对人有意义。假若走出现代化的逻辑,进入绿色发展的视野,就会发现,随着生态学的发展,人类的哲学反思已经将自然价值问题带入新的领域,即这个问题除了对人有意义,还对生物圈有意义、对生态有意义。

二、对传统价值观中休谟问题的解决

解决了价值主体性难题,剩下的主要是推导的逻辑难题。"是"能否推导出"应当"的问题作为价值哲学的一个核心问题存在已久,直到近代,实用主义哲学家杜威解答了事实与价值的鸿沟问题。

(一)杜威哲学对事实与价值的鸿沟的跨越

传统价值观中的事实与价值的分离表现在:"一件事情是否会发生和是否肯定会发生,都与它是否应当发生没有任何关系。"[1]从这样一种判断中就能看到现代人头脑中的一个基本的二分法,即把每项研究都要么归到"是"的领域,要么归到"应当"的领域。

柏拉图曾经弥合过事实与价值的鸿沟。柏拉图认为,事物既有物理性质的知识一面,又有向善性质的价值一面,因而是知识和价值的合一。德国哲学家舍勒提出了创建价值论伦理学的设想来进行"价值的颠覆"。杜威对传统的人的价值哲学进行了批判,借助因果与事实的关系解决休谟问题。

1.事实存在是直接的价值

杜威认为价值就是价值,它们是直接的存在的且具有内在的价值性。价值本身是一种存在,存在亦是一种价值。杜威将"事实存在"看作"直接的价值",进而批判了传统的人的价值认识论的观点:把自然界中直接的价值看作可以思考和可以谈论的概念,是由于混淆了因果范畴与直接性质。"直接价值"是一种直接性质。人对价值的工具性认识和功利性态度,本身是认识的原因,而不应当是结果。他说:"例如,对象可以区别为具有某种贡献的

---

〔1〕 杜威:《经验与自然》,傅统先译,江苏教育出版社,2005年,第251页。

或满足作用的,但这是在因果关系方面地位上的区别,这不是一种关于价值方面的区别。"〔1〕价值本身的内在性是其存在性,而不应以人的尺度而将价值片面放大为一种功利性评价。

杜威指出了新兴的价值论,并加以肯定。价值本身表现的是明显的经验事实,人类在这个价值事实基础上进行的"好"和"坏"的评价实际上是将个体与世界割裂开来,使人的认识成为"例外的哲学陈述"。杜威对传统价值论哲学世界的描述是:"哲学家建立了一个'价值界'(realm of values),把一切由于人为的隔离而被排斥于自然存在之外的宝贵事物都安置在这个'价值界'内。"〔2〕

2.人作为观察者角色

杜威通过对手段与目的的二元划分,颠覆了事实与价值的二分。对绝对性和确定性的痴迷是古典哲学的死结。古典认识论哲学从人的认识角度出发,强调"我思"在世界存在中的重要性,其实是将人作为一个观察者角色,观察的后果必定是寻找对象的客观性的规律。因此,古典认识论哲学是一种旁观者的认识论。杜威要建立的新的哲学不是认识论的,而是沉思的、存在论的,这样的哲学需要直面人类的三重困境,即生态困境、价值观困境和科学困境。

3.小结

事实与价值的分离是人类给自己设下的思维圈套。摆脱人类中心主义的思维方式,走出笛卡儿的"我思"的哲学藩篱,就会发现事物本身(包括自然)就是价值与事实的统一。事实存在本身也是价值,价值本身也是存在的,没有进行人为区分的必要。

---

〔1〕 杜威:《经验与自然》,傅统先译,江苏教育出版社,2005年,第250页。
〔2〕 杜威:《经验与自然》,傅统先译,江苏教育出版社,2005年,第250页。

（二）自然主义谬误及其解决

自然主义谬误由摩尔提出，是对自然主义哲学的批驳，认为事实与价值之间应当有鸿沟存在，因而自然主义谬误也被看作休谟问题的延续。自然主义[1]认为，描述命题（"是"）和评价命题（"应当"）不可分离，二者是整体性概念，所有的评价都是在描述基础上进行的评价；事实与价值之间没有人为的鸿沟存在。

1. 自然主义谬误提出者的逻辑

首先，摩尔批驳自然主义哲学家将本体的"是"与属性的"是"混为一谈，将事实与价值混为一谈，将"是"与"应当"混为一谈。

其次，摩尔在认识中遵循着这样一个逻辑：复合概念是我们可以定义的，而对于单一的概念，我们是没有办法进行定义的。

最后，为了解释为什么不能犯自然主义谬误，摩尔作了"善就是善"的命题论证。一方面，善是非自然的，所以任何把善混同于某种自然物、自然属性的企图，都犯了自然主义谬误。例如，把非自然的善说成某种"快乐""幸福"和"有利于人类的发展进化"，把"善"说成"履行上帝的意志""自我实现"等非自然的事物，均属于自然主义谬误，因为这仍然是企图对无法定义

---

〔1〕 自然主义：在哲学上有广义和狭义两种含义，广的自然主义指那些主张用自然原因或自然原理来解释一切现象的哲学思潮，狭义的自然主义指 20 世纪 30 年代产生于美国的一个哲学流派。自然主义者认为，自然就是一切。自然不仅包括事物，也包括关系。自然包括人，包括人的所有一切存在的方面；或者说，人没有哪个方面是在自然之外的。人的心灵根据于自然，所谓灵魂或精神只是指人的自然行为的某方面，绝不是指自然之外的不朽的实体。总之，自然就是自我包容、自我满足、自我说明的体系。自然之中存在着可以观察到的秩序，这些秩序无须以自然本身之外的东西来解释。自然主义者反对把心灵和物质或主体和客体看成两种存在。自然主义者也反对把物质归结为心灵的某种形式或者把心灵归结为物质的某种形式，无论是唯物的还是唯心的，此类"归化论"都是行不通的。他们还认为，哲学要运用与科学相类似的方法，要从经验开始，科学的经验方法是认识自然的唯一可靠的方法。他们反对从某种形而上学的前提出发，否认通过神秘的主观或直觉的方法能获得知识（知识要以公众的检验或证实为标准），否认将建立在信仰或权威基础上而未经公众证实的东西视为知识。

的"善"作出定义。另一方面,由于善是单纯的,所以任何把善性质本身与具有善性质的"善的事物"混淆的行为,都犯了自然主义的谬误。

由此,他得出了善就是善的结论:善不能被定义;由于善实质上是不可定义的,因而凡是给善下定义,无论是什么样的定义,就必然陷入自然主义谬误。为了避免这一谬误,除了承认善是不能下定义的,就只有承认:或者善是复合的,或者根本不存在为伦理学所特有的概念。

2.塞尔的言语论证批驳了自然主义谬误

分析哲学、语言哲学的代表人物塞尔曾经对摩尔的问题进行了批驳,塞尔将自己的理论称为"自然主义谬误之谬误",进而将事实与价值之间的鸿沟打破。摩尔是基于"善"这个字本身而得出的认识,塞尔遂就其言语论证方式进行了论证。

塞尔在言语认证中更加倾向于目的角度、实践角度。塞尔认为,在言语行为中,语旨行为是意义和人类交流的最小单位。他从三个方面对语旨进行分类,分别是:行为目的、词和世界之间的适应方向、所表现的心理状态。塞尔在《言语行为》中指出:"说一种语言就是根据构成规则系统完成言说行为的过程。"[1]

塞尔通过"允诺例证"指出了"是"到"应当"之间有制度作为连接,不能截然地分开。这个允诺例证包含了五种陈述:①琼斯说"史密斯,我答应付给你五美元"这些词;②琼斯答应付史密斯五美元;③琼斯承担了付给史密斯五美元的责任;④琼斯有责任付给史密斯五美元;⑤琼斯应当付给史密斯五美元。关于上述陈述,塞尔宣称:"每一陈述与它的后继之间的关系虽然不是相互蕴含的关系,但也不只是随意的或完全偶然的关系,增加陈述并做某些调整,必然会使这种关系成为相互蕴含关系,这并不需要包括任何评价

---

〔1〕　弗莱德·R.多迈尔:《主体性的黄昏》,万俊人译,广西师范大学出版社,2013年,第33页。

陈述、道德原则或诸如此类的东西。"〔1〕在这个"允诺例证"的阐述中,最先是一个原始事实;之后是创造出的制度化事实产生出制度,即实现诺言就必须偿还债务;最后得出的结论是由于他的债务,应当赔付五美元。

塞尔认为事实与价值问题是一种形而上学预设。塞尔通过描述语言的行为,为真正的道德命令提供辩护,并最终阐释如何从"是"中推导出"应当"。在塞尔看来,语言研究被看成"规则控制下的意向行为"的研究,语言研究中最重要的研究是学习规则。塞尔认为的语言行为规则有两种,一是调整规则〔2〕,二是构成规则〔3〕,后者对区分伦理学中的"原始事实与制度化事实"有着重要意义。塞尔认为事实与评价被区分开来的根本原因是"评价陈述通常被设定去完成与描述陈述完全不同的任务"〔4〕。事实与价值问题反映的是一种"形而上学预设",他的观点最终企图纠正并消除传统的心灵与世界的二分。

3. 小结

从摩尔到塞尔,可以看到一种创新过程。摩尔将一个命题完全分离成主观的评价性命题和客观的描述性命题是没有意义的,塞尔对实践中形成的语言规则的分析批驳了这样的思维桎梏。塞尔对自然主义谬误问题的解决可谓另辟蹊径,加入了新兴的语言哲学的因素。塞尔通过描述语言行为在"是"和"应当"之间建立连接,从"是"推导出"应当"。深一步思考他的言语行为分析的观点会发现,他指出了语言习得是制度化描述的根本,因而他批判摩尔在运用言语概念过程中的主客分离倾向,提出了"自然主义谬误之谬误"的观点。

根据塞尔的思想,自然价值是一个习得的概念,人们在曾经的制度化的

---

〔1〕 弗莱德・R.多迈尔:《主体性的黄昏》,万俊人译,广西师范大学出版社,2013年,第177—181页。
〔2〕 调整规则:事先或独立地调整存在着的行为形式。
〔3〕 构成规则:创立或定义新的行为形式。
〔4〕 弗莱德・R.多迈尔:《主体性的黄昏》,万俊人译,广西师范大学出版社,2013年,第246页。

描述中习得自然价值等于自然工具价值，即为人所用的价值；因而，需要通过"调整规则"解除这样的形而上学预设。此外，塞尔认为一个语言的发生必定有相关行为作为支撑，语言的规则也是反复社会实践的结果。但是塞尔并没有把实践放在更高的层面，而是认为"构成规则"是连接"是"与"应当"的最核心因素，对"构成规则"的关注是塞尔破解事实与价值问题的关键。

首先，自然价值认识建立在自然存在（事实）与自然价值相统一的基础之上。自然价值本身包含了描述性的即自然存在的价值，也包含了评价性的即对人来说有功用的工具价值。对于这样一个统一了内在价值与工具价值的整体，以及统一了自然存在与自然价值的整体，单纯的研究和论证当中的一个方面的合理性是不正确的，应当统筹地、思辨地在实践中对这个整体加以论证。

其次，自然价值这个概念被习得为自然的工具价值，是在科学盛行的时代人们不断从自然中获利的结果。那么，为什么对自然价值这个概念的分析突然需要打破传统？这也是反复的社会实践的结果。人们的习得思维出现了越来越多的思维障碍，这个障碍在消费主义、功利主义带来的危害中均有体现。绿色革命的实践越来越多，与之对应的领域在思想上开花，而深层次的价值观领域已经有所动摇，因此自然价值的概念需要匹配现实的社会实践。

三、休谟问题对自然价值论的启示

首先，之所以讨论休谟问题，是因为自然价值理论不完善是一个亟须解决的问题。一方面，从人类对价值哲学的认识的角度来说，自然价值的认识理论未能与同时代的哲学发展同步，具体表现为传统的主客二分的主体性倾向在自然价值领域未能打破。另一方面，新兴的绿色价值尚未对自然价值领域做出系统性的改造。

其次,绿色发展视野下的自然价值的认识论形态,核心内容是弥合事实与价值的鸿沟,即突破"人是主体"的思维怪圈。如何论证"存在与价值的统一"是描绘绿色发展视野下的自然价值认识论形态的主要内容。它包括以下论证:最先打开理论缺口的是黑格尔的扬弃精神,他的自然哲学对有机生命的存在意义给予重视;海德格尔的存在之思打破了主客二分思维,告别了主体性时代,将哲学的关注点引到存在意义中;杜威的实用主义对休谟经验论进行了超越;塞尔用言语行为逻辑论证了自然主义谬误。

综上,休谟问题的解决对自然价值理论结构中的认识论层次有着深刻的启示,即我们认识自然价值从逻辑上可以有以下四个步骤。第一步,思索自然价值的思维本质是什么,究竟是工具价值认识还是存在与价值的统一。第二步,通过对存在现状的反思,发现现有的认识论是有误区的。第三步是最重要的一步,也是本节的重点内容,即对这个认识论误区的修正。修正的方法论工具是哲学反思,修正的助力是现有的认识理论的革新和其他理论,修正的内容是加入自然内在价值的自然价值整体性认识。第四步,通过这样的修正性理论积累,进一步反思自然价值的内在结构或者认识逻辑,以及它与客观实在的关系。

第三节　绿色发展视野下自然价值的
价值论形态

传统价值观下的自然价值是狭义的,它仅仅指代自然的工具价值。传统价值观所讲的自然价值是一种主观认识,包括两个方面的构成:一是唯我论的主体性思想,二是主客二分的自然存在与自然价值对立。那么相对于传统价值论视野,绿色发展视野下的自然价值是什么样的呢?

一、以整体性、实践性为导向的自然价值

绿色发展视野下的自然价值以整体性、实践性(目的性)为导向。价值整体性的基本观点是:价值是存在价值与人类评价价值的统一;价值实践性以存在哲学为基础。存在哲学包含了哲学沉思,即重新思考已有的价值体系;哲学的关注点从对人类的关注转向对已有社会现象和人类自身未来发展可能性也就是人类实践的关注。杜威建立了新的价值哲学,它不是认识论的而是沉思的、存在论的。杜威将存在价值视为直接的价值,指出了价值中因果范畴与直接性质应区分开来。海德格尔的存在哲学从多个方面强调哲学之思的重要性。

绿色理论将生物平等、自然关爱、多样性保持等思想理念带入人类视野。环境伦理学将道德主体进一步扩大。科学哲学中过程哲学和系统哲学的新发现为人类提供了整体性逻辑。这些观点均认为价值应当脱离主体性束缚,立足现实生态状况和人类生存前景。自然价值便是弥合传统思维中

147

的不足的一个点；自然价值关系就是自然存在与人类价值需要的辩证统一关系，这个关系最后指向的是人类实践尺度的客观世界。

在绿色发展视野下，"反思"成为自然价值的一个特征。绿色发展提供了反思的视角。经历了自然价值的理论变革与绿色思潮的洗礼之后，人类的价值认知又上升到了一个新的高度：从自然哲学中总结出来的整体性认知、从存在哲学中感悟出的实践真理被进一步用于自然价值的探讨中。曾经的二分思维导致了人们将自然内在价值排除在自然价值讨论之外的思维惯性，曾经的事实与价值的矛盾性阻碍了人们对自然存在之合理性的认识。关于这个问题，需要历史地、辩证地看待：培根思想在文艺复兴时期大放异彩，符合现实规律，但是他的思想也导致了知识隔阂，特别是道德知识与科学知识的隔阂。于是，当人类被科学时代统治、被技术座架困住时，他的学说也就失去了最初的魅力。笛卡儿思想曾经启迪了人类思维，但造成了人类思维的二分倾向，也引发了事实与价值的纠结难题。在反思过去的思维桎梏的形成过程的基础上，新的自然价值相关的理论学说被提出来：生态伦理学中对道德主体的扩大，生态哲学中对荒野的关注，存在哲学的兴起，等等。反思成为自然价值的一个特征，自然价值理论在反思中发展。

在绿色发展视野下，整体性思路是自然价值的特征。整体性思路以生态科学为科学根基，以传统有机论为理论基础，以辩证法为现代理论支撑。整体性思路要求突破传统二分思维，将矛盾双方置于统一性基础上加以思考，对事物的整体性进行把握。人类在自然的历史长河的后期才出现，并且人类心智也是自然的产物；新的哲学提供了存在性思维的视角，弥合了自然价值争论中有关自然的主体性问题引发的价值与事实的鸿沟，将自然价值整合为自然的工具价值与内在价值的统一。

在绿色发展视野下，人与自然的关系是否和谐是自然价值的评价标准。价值哲学的整体论转向使得人们将关注的重点由作为个体的"人"转向作为集体的"人"，由个人利益转向人类共同利益，由人类价值满足转向人与自然的共存与发展。在价值哲学的实践转向中，人们开始探索自然价值的目的,并从中得到人类心智发展的启示。自然既不是单纯的极端进化论者眼中的丛林,也不是单纯的大地母亲的形象;自然包含了有序性和无序性两个方面。相应地,自然价值也包括了自然生态中的各个方面。

在绿色发展视野下,合理的生态实践是自然价值的评价标准。脱离内在价值谈论价值论是生态危机无法解决的重要原因。首先,自然价值观的变革建立在人类实践困惑的基础之上。消费主义带来了全球不可持续性的问题,我们今天的发展建立在数代前人积累的资源和提前消费后代人的资源这个基础之上。于是,人类实践面临着选择的困惑,是继续消费还是扭转我们的功利的价值观——用闲暇和文化填补物质上的不满足。消费主义不仅给人带来生态实践的挑战,也摧毁了人类的现代性精神、价值观念中美好的部分。其次,自然价值在本质上既是人类对自然的认知,也是自然对人类实践的指引。在批判工业社会时提到的技术替代,其实是变相的消费主义。绿色发展视野下的自然价值必然以生态实践的合理性为评价标准,立足于现实中理性人的需求而非放大人的需求。

二、绿色发展视野下自然价值的性质

绿色发展视野下的自然价值是人类认知与人类实践的统一。

一方面,自然价值问题在实践中得到解决。传统的自然价值领域的主体性问题、休谟问题以及自然主义谬误,其解决依赖于实践中人类认知的发展。人类对自身实践的关注导致了人类认知上的新变化。任何一个时期的哲学都带有时代的烙印,哲学反思的是背后的时代,其反映的是当下时代的认知方式。反思既源自人类实践,又用以指导人类实践。例如,马克思的哲学关注资本主义压迫下的人类解放问题,它的时代背景是资本主义发展时期;土地伦理学、承认自然内在价值的自然价值理论的出现以现代性危机以及工业文明难以为继为背景。现实问题引导人类价值哲学的研究从认识论走向价值论。实践哲学提供了解决争议和矛盾的方法论;实践是沟通事实与价值的桥梁,也是两种观点争论的终结者。

另一方面,自然价值的性质需要重新界定。自然价值究竟是人类认识的一部分还是客观存在的一部分? 我们不能简单地用主观思想去定义它,也很难用单纯的实践去检验它,而必须是在人类认知与人类实践的结合中去感受它。自然价值包含了自然内在的存在价值,以及我们已经认识到的自然的工具价值,我们需要从自然本身以及自然与人类和谐相处的整体性认知的角度、人类生态实践的角度去把握自然价值的性质。

第七章

绿色发展视野下自然价值的四重结构

自然价值的四重结构包括：①自然与人的关系；②自然价值与人类价值的关系；③自然价值对人类思维发展的指引；④自然价值对人类实践行为的指引。这也是笔者建构自然价值体系的核心观点。自然价值的四重结构建立在本书对自然价值的分析的基础上：这个结构体系的建立均是在认知领域进行的，因而笔者对自然价值的理论探讨也是在认知领域展开。

自然价值的第一重结构——"自然与人的关系"对应本书第二章。自然与人的逻辑关系为自然包含人，因为人类心智源于自然，故而思考自然与人的关系时应突破主客二分的思维方式。

自然价值的第二重结构——"自然价值与人类价值的关系"对应本书第三章中的传统价值观终结的外在表现。这些现象引人反思。人与自然在逻辑上是包含关系，人的价值与自然价值是并列关系。

自然价值的第三重结构——"自然价值对人类思维发展的指引"对应本书第四章与第五章。这种指引无须论证，它体现在两个方面：一是在自然价值理论发展过程中，对自然内在价值的认识启发了人的思维转向，即由主客二分走向整体主义；二是在绿色发展理论的发展过程中，社会思维由人的主体性思维走向社会实践的思维，由唯我论走向实践论。

自然价值的第四重结构——"自然价值对人类实践行为的指引"建立在价值哲学的实践论转向的基础上，探讨了自然价值在城市化进程中的实际指引作用。

第一节　自然与人的关系

人类研究自然价值，目的是尊重自然，就如我们研究洪水的目的是预防洪水，我们研究生态系统健全的规律，是为了遵循这些规律。前文已经探讨了思维方式如何走向整体主义，本节要探讨的是为什么要坚持整体主义，即人需要尊重自然的原因。论证围绕两个关系展开：一是人与自然的逻辑关系，二是人类心智与自然的关系。

一、逻辑关系：自然包含人

首先，人与自然属于包含与被包含的关系，而不是对立的关系。那么，究竟是自然是人类历史的一部分，还是人类是自然历史的一部分？

传统价值观在自然价值领域的错误就在于对这种关系的认识不正确。在环境危机爆发前的两个世纪里，人们都是将自然作为索取对象，自然的历史被包含在人的历史中，自然的价值也存在于为人类服务之中。其结果就是：把人的利益放在第一位，或是对自然采取漠然和无动于衷的态度，如建造铁路时单纯追求成本和方便而不顾其他因素。这样的行为早在西方工业社会发展的第一个百年和发展中国家的前期实践中已经显现出来，"人包含了自然"的观点显然是人类将自己圈在了幻梦中，在惊醒时才会进行弥补。但行为弥补只是迈出了一小步，人的价值观的转变有待理论的完善。

我们在构建自然价值体系时，首要的就是理顺人与自然的逻辑关系。自然历史必然包含人类历史，自然历史是客观地先于人类历史存在的，人类思维的发展来自自然的变化。"自然包含人"的观点在罗尔斯顿的《哲学走向荒野》中已有很好的论证。

自然赋予我们客观生命,而人的主观生命不过是其中的一个部分、一个内在的方面。现代的生态学观点认为,人类本身也属于自然资源,因而近代以来的经济制度不仅浪费了人力资源,而且破坏了自然资源和历史文化遗产。历史上过度攫取自然财富——土地、矿物燃料(煤、石油、天然气)和其他矿藏的行为,本身破坏了自然内在的物种和谐,将人的价值凌驾于自然价值之上。在生命的历史长河中,人类是短命又短视的动物,而自然是长久存在的。生命是自然的投射,但是自然在人类出现之前已经存在;如果将生命比作海洋,人类现在处于"冰山的顶峰",但是处于"水面之下的十分之九是属于自然的"。[1] 从进化角度或者教育的角度,我们是"今在的过去","苏格拉底、摩西、耶稣、佛陀、牛顿、哥白尼都不仅是在我们之前存在过;他们的影响通过千百万热爱和传扬他们的不知名姓的人传到了现在。这种穿越历史时空的传播经过重构而存在于我们的文化中……今天的生命乃是过去的生命累积到今天的体现……我们既是祖先遗嘱的执行者,也是其受益者"[2]。生命是这样一组矛盾的概念:既在伦理学中存在,也在生命学中存在;既属于自然也属于人类文化。生命之流对人的作用,通过产生人类意识、作为人类文化传承的载体而存在。

二、关系论证:自然产生人类心智

为什么我们天生向往荒野自然而不是向往人工自然?

自然对人类心智的影响在自然的科学价值、消遣价值、审美价值、宗教象征价值中均有体现。自然对我们心智的激发是无限的,这种无限性体现在自然的多样性价值中。一方面,人类心智的开发来自对自然物的认识和

---

[1] 霍尔姆斯·罗尔斯顿:《哲学走向荒野》,刘耳、叶平译,吉林人民出版社,1986年,第106页。
[2] 霍尔姆斯·罗尔斯顿:《哲学走向荒野》,刘耳、叶平译,吉林人民出版社,1986年,第107页。

思考,人是会思考的动物,这也是自然的内在价值存在能够在潜移默化中作用于人的思维或文化的原因;另一方面,人类心智的激发来自面对自然内在价值存在时的沉思。这种沉思与技艺科学开发自然的模式不尽相同:技艺开发中运用的是人的理性思维,采用的是机械化的世界观;而人对自然内在价值的沉思主要源于人的情感体验,采用的是想象、直觉、悟性等感性思维,以及人与自然融为一体的整体论的世界观。

自然是生命之流发生的基础,自然产生人类心智。如果把生命看作一个整体的生命之流,"生命的进化可以看成一种信息流动。物质的流动的趋势是朝着熵增[1]和无序,生命之流的趋势与之相反"[2]。生命之流依靠遗传的方式传递下去;尽管这个程序是无意识的,但是不得不说一切生命都是有智慧的、逻辑性的、进行着信息交流的。生命之流的分化,变得更加复杂、更具有创造性、更具有知觉性和智性,直到最终在人类这里产生了建造文化的能力。有了文化,才出现了信息流,其意义仅次于负熵[3]的生命过程的出现。人对自己获得的信息可以进行传递,可以用语言的形式储存,还可以加以评价。这样,智性就成了有意识的。[4]

生命之流的形成有着自己的历史特征,经历了三个阶段,即"生命进化过程物质的负熵流—人类文化创建能力—人类意识"。

---

〔1〕 熵增:熵是系统的无序状态的度量,在不可逆过程中,变化后的物体与外界的熵之总和必然增加,称为熵增原理。熵增原理只适用于完全孤立的系统,并不适用于系统的非孤立的部分。

〔2〕 霍尔姆斯·罗尔斯顿:《哲学走向荒野》,刘耳、叶平译,吉林人民出版社,1986年,第105页。

〔3〕 负熵:指一种取负值的熵。减少系统熵的情况即可视为获得了负熵,这往往又可理解为获取了信息。

〔4〕 霍尔姆斯·罗尔斯顿:《哲学走向荒野》,刘耳、叶平译,吉林人民出版社,1986年,第106页。

第二节　自然价值与人类价值的关系

传统的自然价值观念来自理性人的精明假设,人的欲望在这种所谓理性中被不断放大,剥削自然成为主客二分视角下的必然行为。随着时代的发展,传统的价值观念逐渐走向没落:传统价值观的终结表现为资本主义新教伦理走向没落,神的道德约束弱化,人类理性崇尚的秩序成为主导;在后现代的喧嚣中人一再寻找精神的平衡支点,曾经崇尚的秩序一再被打破;在现代社会中占据主流的价值观功利主义和消费主义遭受困境。传统价值观念就是由于忽略了自然的内在价值而使人类社会陷入困境,我们要做的是节制人的欲望,在人的价值观重构过程中纳入对自然价值的肯定。

一、辩证关系

自然价值与人类价值是并行不悖的。二者是构建价值观的组成要素,属于整体中的两个部分,这两个部分之间有着辩证的逻辑。

从人的个体性来看,每个人都是单一的个人,每个人都存在个人的价值需求,个人价值需求在人类价值观的发展阶段占据了主导地位,并且现在仍然是西方价值取向的主流,它的存在有着极大的合理性。人类的价值需要是主观性需要,是主观性价值。

从人的群体性来看,人类种族延续离不开自然,自然的生命支撑价值尽管是自然的工具价值,但是给人类了生存的支撑;同时,从自然内在价值中汲取科学的营养与宗教的智慧,是人类心智发展所必不可少的。自然的内在价值是客观存在的价值，是客观性价值。

二者的辩证关系体现在，个人的价值需要与自然价值之间相互联系、相互作用。人类的种族延续要求每个人都拥有好的环境，因此也要求人类理性发挥作用，将自然价值纳入人类的价值观结构中。前面已经谈到，自然价值是内在价值与工具价值的统一，人类的价值需要作用于自然的工具价值，自然的工具价值是一种主观性价值，这种主观不是说它的存在本身不是专门为了人类服务，而是说它体现在人类利用自然的实践行为中。在传统价值观中，人类的价值需要对自然的工具价值的影响体现在剥削自然、压榨自然中；在当代社会，人类的价值需要对自然的工具价值的影响可能体现在人工自然的产生过程中，人类的价值需要不同，与之相对应的自然的工具价值的内容也不同。

二、并列关系

自然价值与人类的价值需要的并列关系体现在：首先，不能走传统价值观的老路子，认为人类的价值需要高于自然价值；其次，承认自然的内在价值亦即自然的存在价值，并不是说自然价值独立于人的价值需要而存在，我们刚刚走出了价值哲学主客二分的认识论怪圈，不能因此掉入另一个泥潭。自然价值与人类价值是一对并列的价值。

在人类历史进程中，人类使用工具都是他自身机能的延伸，人的利用自然的思维还是在认识自然的框架之内。工具使人能够和环境和谐相处，并不是因为工具帮助人们重塑了人工自然，而是因为工具使人们认识到自身的局限性。自然亦如此。我们在利用自然的同时也认识到人自身的局限性，而这个局限性是客观存在的，人们对自然价值所做出的价值判断和产生的价值需求也是自然价值的一部分。自然存在对人的意义在于启发人的心智，不是让这个心智走向自大的恶性循环，而是让这个心智启发人们进一步理性地看待自然。

　　萨特(Jean-Paul Sartre)曾经哀叹人类缺乏基本的目的。尽管安德森(Perry Anderson)认为人类的困境全然不是缺少内在的目的,因为人作为自然的看护者本身就是目的所在。但是这个目的是否就是人类理性所追寻的意义所在呢? 成为地球的看护者,成为它的生命形式和它的未来状态(也包括人的未来状态)的守护神,就是我们确实的、充分的目的吗?

　　我们在界定"好"这个概念的时候,只有加入自然的内在价值这一重要内容,才能超越单纯的物质上的享受性的"好"(这也是价值需求论一直倡导的一种好)。"好"这个价值概念因为人类理性精神需求的满足而更加完善。

第三节　自然价值对人类思维发展的指引

自然价值理论经历了传统期、转型期、变革期,证明自然内在价值的有灵论在时间上与自然价值传统观念的形成时期相重叠。在传统期,自然价值的主客二分思维导致了价值哲学中的一个难题——休谟问题;在转型期,一方面是自然价值理论在利奥波德、罗尔斯顿的理论中得到充实,另一方面是价值哲学的难题在海德格尔、杜威、塞尔等人的理论中逐渐被解决;在变革期,出现了较为系统的绿色发展理论,它本身包含了一种新型的价值哲学思想,同时也是一种价值理论。因此,我们在自然价值的认知结构方面取得的主要理论突破是认识论上的突破,即认识到自然价值对人类思维的指引。在认识自然价值的过程中,人类的思维方式出现了两种变化:一是超越了实体思维,进一步走向整体主义。思维变化过程体现在:我们从自然价值的主体性迷雾中走出,认识到了自然价值是一种内在价值与工具价值的统一、存在与价值的统一,自然价值体系中包含了自然的内在价值与人类的价值需要。二是突破了主客二分的思维,走向实践论。思维变化过程体现在:我们从休谟问题的解决过程中认识到存在的重要性,从事实存在层面看待价值问题,找到了弥合事实与价值鸿沟的桥梁,这个桥梁不仅是塞尔所言的人类语言规则,更深层次的是人类的实践。

一、从实体思维走向整体主义

自然价值的思维形态是一种整体主义的思维形态,这样的整体主义的有机自然观与《新基督城》所表达的并不一致。中世纪的有机乌托邦侧重政治的平等,主张科学为人所用以避免误入"为了科学而科学"的怪圈。自然价值则是要求重视自然固有的价值形态。

马克思的实践过程思维把自然、社会和人的发展看作一个生生不息的过程。过程辩证法包含了否定性的推动原则和创造原则。过程思维方式重在揭示事物之间的联系,从而构成一种哲学解释原则。

自然价值的思维形态是超越实体思维的一种关系思维。所谓实体,如笛卡儿指出的:为了生存,他除了自己,一无所求。尽管哲学史上曾经质疑过休谟怀疑论,但是实体意识还是深深地左右着我们的哲学观和价值思维。20世纪以来,科学的思维方式朝着更加符合辩证法的方向发展,其表现就是关系思维对实体思维的冲击。关系思维强调不仅要关注事物自身,也要从事物自身与其他事物的联系中去认识事物。关系思维主张从本体论、认识论、价值论三者相统一的视角去认识自然。实体思维只对自然进行本体论的考察,关系思维则强调人与自然的关系是一种开放的、非线性的复杂关系,而不是单一的、线性的主客二分的价值关系。关系思维认为,人与自然是双向互动的、和谐共生的关系。在自然这个物体中,一切事物都与其是共生的关系。人并没有先于自然存在,反而是自然先于人存在。我们要学习自然兼容并包的精神,这个精神也可以内化为指导我们实践的价值观念。

二、从主客二分思维走向实践论

以培根和笛卡儿的哲学为基础的去魅的自然观,其背后是自然与人的二分、主体与客体的对立、事实与价值的分离。这种二元思维长期指引着哲学发展。在哲学让位于科学发展的今天,人们的认识反而出现了混乱。如今的解构主义、结构主义等后现代哲学或美学思想都力图冲破科学时代的痼疾,冲破科学主义对思想的绑架,打破人的本性被资本所奴役的枷锁,寻找出一条新思路。东方回归传统的整体主义思想智慧和道法自然的先人哲学;西方则暗流涌动,环境保护主义、生态女权主义、深层生态学、荒野保护、自然写作、生态马克思主义学派、法兰克福学派等均对传统的科学主义思想的逻辑经验主义构成冲击,并且愈演愈烈。这些回归和暗流的哲学现象,背后是对主客二分思维的超越,人们希冀于整体论与实践论的曙光。

人类哲学的本体论是讨论世界的本源是什么,认识论是讨论谁在认识世界、如何认识世界,价值论则是分析世界对人有什么意义。传统价值论就是讨论世界存在及其意识对人的意义如何;而在绿色发展理论这一新的价值论视野下,我们就不能再以人的利益作为衡量价值的唯一尺度了,而应当以生态的观念来衡量,即需要一个超越人与自然的所谓"上帝视角",从整体上承认自然的价值。

第四节　自然价值对人类实践行为的指引

自然价值是在哲学和价值论范畴讨论的,自然价值在实践的指引中主要突出自然的内在价值,以扭转我们在实践中只重视经济价值与功利价值的局面;价值哲学走向实践领域的讨论,要求我们在实践过程中秉承新型的价值理念,实现人类社会的绿色发展。

自然价值对人类实践的指引可以体现在多个方面,下面笔者将谈论一个具体的实践进路:绿色城镇化中自然价值的作用。自然的内在价值一度在工业文明社会中被忽视,而其内在价值中的多样性价值、审美价值可以指导人类绿色城镇化的实践。如果忽视了自然的这两种内在价值,人类创造的人工自然将难以适应人类自身的生存与发展。自然价值要求我们在城镇化过程中牢记绿色发展理念,摒弃人类中心主义的价值观,实现人与自然的融合。城镇化过程中要实现以下几个转向:由高环境冲击型转向低环境冲击型,由放任式机动化转向集约利用,由大型集中基础设施转向小型、分散、循环设施,由"少数先富"转向社会公平。多样性价值和审美价值作为自然的内在价值已经被罗尔斯顿提出,也已经放入了绿色发展视野下的自然价值理论体系,我们有必要对城市化的实践进行相应的调整。

一、自然的内在价值与城市建设

忽略自然的内在价值,相当于忽视人的精神需求,使之让位于工业文明和资本主义的兴盛。自然的审美价值,可以说是人类精神世界多样性的源泉。当下的世界以单调重复、逐利性为特征,在城市化进程中逐渐呈现出异化下的尴尬情形。失去了精神旨趣的人们,在城市建设中奉行功利主义。"一方面,大量新建成的城市建筑被闲置;另一方面,许多城市商业建筑在仍具有使用价值的时候被推倒。可见,土地、空间甚至光线都被赋予交换价值。"[1]与此同时,自然的沉没成本被所有的经济学家忽略不计。西方马克思主义哲学家列斐伏尔也曾总结说:"当代资本主义的生产重心正在从物的生产转移到空间的生产,而城市化成了当代资本主义空间生产的重要维度,都市空间不是一个中立的物质环境,而是有意识有目的的被建构出来并直接服务于资本主义生产、流通、交换和消费。"[2]可见,在工业化、城市化浪潮下,绿色发展与资本助力的城市发展之间的矛盾也愈发不可调和,而对这种矛盾的解决可以放入自然价值论的框架中探讨。

首先,在城市发展理念上,自然的多样性价值要求告别工业时代的千篇一律的机械式发展。例如不盲目推崇现代性高楼,避免同质化的城市建筑类型。自然的多样性价值说明自然的多样性存在支撑了人的思维多样性。人的思维形成于自然物的复杂性,如果缺乏这个复杂性,自然就只是单一结构的同质化的自然,这样的自然对人类思维的多样性和长期发展是不利的。

工业文明时期在人类历史长河中只是很短暂的一个阶段,而人的历史相对于浩瀚的自然的历史而言更是一个渺小的时间节点。从自然界的混沌之初到现在的后工业文明时期,中间的历史岁月或长久或短暂。在侏罗纪时代之前还有漫长的生物成型期,而在人类历史中也曾经存在青铜器时代的工业雏形。

现代社会的城市化在很大程度上带有短视的烙印,具有同质性。自人类有文化记载以来,曾经有大片土地上存在差异性的文化,而资本主义的金钱浪潮似乎吞噬了人们的耐性,用人类工业文明时期的明显特征——"效率"排挤着自然的多样性价值;在城市化的实践中,也就出现了人类的选择

---

〔1〕　李春敏:《列斐伏尔的空间生产理论探析》,《人文杂志》2011年第1期。
〔2〕　李春敏:《列斐伏尔的空间生产理论探析》,《人文杂志》2011年第1期。

优先于自然的选择的思维倾向。大片的满足人类奢侈用地需求的土地被用作建造成间距等比、高度相仿的独栋或联排，有时出于商业利润的考量，这些建筑就连造型都是相同的。不得不说，人类在利用自然的工具价值的同时，牺牲掉了人类思维和智慧赖以存在的自然的审美价值和自然的多样性价值等多种内在价值。中国的情形也并没有好到哪里去。所有的城市风景都是千篇一律的，城市文化也是。农业文明时期呈现在人们面前的古朴的北方大院、秀美的江南园林、静婉的徽派建筑只能存留在市中心的观光区，大部分都已经被改造为旅游景点；豪情万丈的大漠蒙古包已经被人遗忘。意识产生于人类的认识对象，对象远离我们的生活和实践后，自然相关的意识也就被淡忘。现代人接触的建筑对象是单一的，从街道的设置、楼宇的形状和高度，无不在传递一个信息：效率。同质化的城市建筑、同质化的城市设计理念，使得人的思维也单一起来，再也不能从自然的多样性价值中汲取养分。似乎除了功利主义和实用主义更加符合我们的现实需求，没有什么东西能够与我们的生活实践密切联系，因而我们的价值观也发生扭曲，或许只有不停地走、不停地看才有思维转变和价值观转变的可能。

其次，自然的审美价值对人类实践提出了新要求，即注重城市文脉的传承。自然的审美价值对人类实践行为的指引体现在：将建筑的形态与建筑的历史相结合；注重城市建设与人类思想和文化的结合，而不仅是城市建设与物质需求、资本效率等的结合。

自然价值启迪人类在实践中避免两种同质化的发展，一种是城市之间的同质化，另一种是城市与乡村的同质化。在美国，我们看到，无论走到哪个城市，似乎都可以很方便地购得任何在自己生活的城市中可以购得的东西，因为所有城镇都大同小异，就连超市的区位都差不多。这可以说是机械化思维的一种产物。如果把这样的现象放在整体性思维中考察，就会发现问题所在。每个部分，即每个小城镇都是完善的，是合乎人类需求的；但是整体上看，整体小于部分之和。从一个城市飞到另外一个城市工作，基本上不会有什么新颖的激发人类思维创意的东西，工作环境一样，城市建设一样;久而久之,人成为机器,是可以摒弃任何情感和自发创造力的机械的高效率劳动者。这也是美国人热衷于个性化爱好的原因之一。一个城市的文脉往往是人类历史结晶的展现,城市的发展如果忽视了文脉,最终将了无生趣。

中国古话说,万物相克相生,在城市的建设过程中,单纯追求高效,比如高密度高层住宅容纳更多的人进入城市共同体生活,必然会带来拥挤不适等社会生活问题。因此,在价值取向上,我们既要承认自然的内在价值,也要相信自然价值给我们带来的实践指引的正确性。

二、自然的内在价值与美丽乡村建设

美丽乡村建设对我国的绿色城镇化有着重大意义。国外的绿色城镇化思想,在理论上表现为霍华德的田园城市思想、花园城市思想;在实践领域表现为城市的工程大改造,时间节点为城市生态学兴起、两次世界大战后;在思想上表现为 20 世纪 60 年代的逆城市化反思和对城市聚集理论的批判。如果说英国早期的绿色城市化的土壤是纯天然的,那么资本主义发达国家的后期绿色城市化的土壤是人为的:它是在资本集聚发展的情况下,为了满足人的发展需要、社会的发展需要等而进行的转型。与绿色城市化理论相对立的城市聚集理论在今天有了新的调整,如在美国,为了解决郊区化带来的资源浪费、交通拥堵问题,有学者提出了新城市主义理论。新城市主义主张复兴被忽视的传统社区。城市聚集理论指导下的城市化进程导致的不仅是环境问题,也有心理问题、精神问题。因此,我们应当思考和探索一种新的适宜人类发展的城市文明、一种全新的人类城市发展方式。

在中国,乡村还没有过度工业化,尚且保留了人工自然中最原初的部分。乡村也要发展,在乡村发展中应当避免同质化。我国提出要发展有历史记忆、地域特色、民族特点的美丽城镇。在云南洱海边,习近平总书记叮嘱"苍山不墨千秋画，洱海无弦万古琴"的自然美景要永驻人间。[1]

自然的内在价值对我国的美丽乡村实践也有指引作用。

首先，自然的科学价值要求我们避免追随农村工业化的脚步，强调保留原有的乡村面貌。复杂性原理向我们揭示了看似偶然的事件背后也有必然的联系。试想，如果没有了郊外的苹果树，牛顿也想不到万有引力定律。科学知识的产生很大程度上依赖于人的直觉思维以及灵感的顿悟，如果自然消失了，这样的灵感源泉也就枯竭了。

其次，自然的审美价值要求我们在建设美丽乡村时避免根据某个样板进行建设，而是要挖掘与呈现乡村的文化原貌。自然的审美价值向我们揭示，对美的事物的情感经验来自该事物在自己的经验中的独一无二性。"望得见山水，记得住乡愁"的乡村才称得上是美丽的。

最后，自然的经济价值要求我们充分认识到乡村的实际价值，不盲目消费。自发自然的存在，本身有着经济价值；这个事实常常被人忽略。经济价值之所以存在，是因为经济行为体要从产品和服务中获得利益，而利益的存在来自人的需求。千篇一律的城市生活会使人们的需求单一化，人们更加向往物质财富，用于满足精神需求和安全需求；而如果精神需求和安全需求不需要购买就已经得到了满足呢？虚假需求是消费主义的硬伤。美丽乡村的目标是生态宜居、环境优美、经济富裕、文化发展，乡村建设过程中如果维系好乡村精神文明，使乡村不被工业社会同化，那么它本身就是充满了经济价值的。

---

[1]《习近平讲故事：苍山不墨千秋画　洱海无弦万古琴》，《人民日报（海外版）》2018 年 6 月 7 日。

结　语

　　自然价值问题,作为一个自然观问题,从古希腊以来一直不乏哲学家对之进行讨论。早期讨论主要针对自然和逻各斯的关系问题:在斯多葛哲学中,自然观变成了自然、灵魂与逻各斯的折中主义,该学派认为最一般的自然本能是自我保存,认为善即是依照自然而活。此外,自然价值问题逐渐演变成为有机论的发展问题:有机思想在亚里士多德哲学、斯多葛主义、神秘直觉主义、隐修主义、巫术、自然主义和万物有灵论中得以体现;之后,有机思想又在启蒙运动中的浪漫主义、美国的超验主义、德国的自然哲学概念、马克思的早期哲学、19 世纪的生机论中得以体现。

　　自然价值问题,作为一个认识论问题,在笛卡儿、培根等哲学家的思想中均有体现。笛卡儿认为自然价值的主体是人,培根区分了直观自然与科学自然,并将文化与自然割裂开来。

　　自然价值问题成为一项研究范式,是在现代性危机之后。在 19 世纪,面对自然资源即将消耗殆尽的严重状况,西方社会开始重新审视自然价值这一观念本身的独特内涵及其重要性。首先,自然价值问题在现代性批判中得到了突出表现。例如,康芒纳从技术批判角度对自然界存在的两种价值进行了论述:从植物的腐殖质中看到自然的农业价值;从洗涤剂对肥皂生产的替代中看到了自然的工业价值。另外,他又从封闭循环的角度讨论了自然的另外两种价值,即有机物的价值和生态价值。其次,对自然价值的重视体现为有机论的复活。19 世纪早期的浪漫主义文学家如爱默生和梭罗等,通过其文学作品重新回归传统有机论的怀抱。他们认为,有生命力的、有活力的基质把整个造物结合在一起。爱默生把荒野看作精神洞察力的源泉,梭罗发现异教徒和美国印第安人的泛灵论把岩石、池塘、山脉等看成有活力的生命。克莱门茨的植物演替理论认为,植物共同体的生长、发展和成熟与单个有机体的成长、发展过程极为类似。新柏拉图主义调和了传统有机论与机械论之间的矛盾,调节了自然神灵与逻各斯的冲突。最后,人们对自然的态度从重视有机论转为高度关注自然伦理问题。英国自然主义者索尔特将伦理学的进步与动物道德联系起来,他的相关理论对动物权利论和动物解放论的提出及发展产生了深远影响。

自然价值问题的根源在于,传统的价值思维是一种本体论、认识论的思维,因此人们总是纠结于认识主体,自然价值及自然有何种价值都由人类的认识所决定,它总是跳不出将人作为认识主体的怪圈。一个直接后果就是,一谈到价值就必然会谈到作为认识主体的人。当今时代要求价值哲学跳出主客二分思维,走向实践论和整体论的价值哲学。

本书的研究主要分三个步骤。

第一步,系统阐述了自然价值研究的思想史。首先,自然价值的研究是一项哲学研究,这个哲学随着时代的发展而不断更新变化,即从人类的自然观念的发展变化中能够看出自然的价值定位的不断变化。在传统的价值观视野下,自然价值的研究带着培根和笛卡儿时代的烙印,对自然价值的认识围绕人的主体性展开,这种认识在思维上是二分的(体现为主体与客体的分离、事实与价值的对立);在历史渊源上,知识与道德的划分导致了直观自然与科学自然、文化与自然的分离。其次,在自然价值理论的转型过程中,不少哲学家、社会学家的理论研究对自然价值最后结构的形成起到了潜移默化的作用。从康德到黑格尔再到海德格尔的哲学,从认识论走向价值论,从对形而上学的关注走向对现实世界的关注,从对主观经验习得与客观实际的关联的认识走向对人类实践的价值判断,这也印证了马克思哲学有关理论哲学向实践哲学的转换,以及现成论向生成论的转换。最后,自然价值理论的先锋人物在价值问题中大胆尝试。利奥波德将价值主体扩大化,探讨了价值共同体的概念,研究出价值革命的内涵。罗尔斯顿面对价值的主观性与客观性这一理论界的持久争论,采取了历史论证的办法,认为自然价值先于人类存在,并大胆提出了自然价值的分类,在这个分类中进一步探讨了自然价值面对的问题;以此为基础,他提出的哲学的荒野转向相当于人类的价值观革命,也将促进人类由工业社会走向后工业社会、由灰色文明时代走向绿色文明时代。

第二步,从自然价值的存在论、认识论、价值论三个维度探讨了传统自然观下的自然价值与绿色发展视野下的自然价值。首先,在传统价值论视野下探讨了自然价值的三个维度。①存在论维度,传统自然观下的自然价值指代客体自然对主体的意义,即"相对于人而显现的工具价值";传统自然观下的自然价值主体是人,因而自然价值关系是一种以主体(或者说人)为尺度的主客体关系。②认识论维度,传统自然观下的自然价值有着主体性困扰以及休谟问题的困扰。③价值论维度,传统自然观下的自然价值起源于价值需求论的导向,本质上是人的主观认识,评价标准是人类时刻变化的情绪喜好。其次,在绿色发展的视野下探讨了自然价值的三个维度。①存在论维度,绿色发展视野下的自然价值指代一种统一的整体性价值,即自然的内在价值与工具价值的统一;绿色发展视野下的自然价值跳出了价值主体的藩篱,因而自然价值关系是存在与价值的关系。②认识论维度,绿色发展视野下的自然价值跨越了事实与价值的鸿沟,将休谟问题放在当代存在主义哲学框架中、放在杜威哲学中予以解决,将摩尔所指的自然主义谬误放在人类语言实践中解决。当然,这些探索都是尝试性的,未能完全解决问题但指明了方向。③价值论维度,彰显了自然价值的新的思维方向,即整体论和实践论的思维。

本书对自然价值的建构亦即重新定义了自然价值的存在论形态、认识论形态和价值论形态。首先,自然价值既包括自然的工具价值也包括自然的内在价值,它本身是内在价值与工具价值的统一,同时也体现了存在事实与价值的统一。在自然价值论的建构中,本书有针对性地引入了"存在即有价值"的哲学论证,并得出自然价值在本质上以整体性和实践性为导向。其次,在认识论上,我们应走出主体性思维的桎梏,尽量避免一味地对主客体之间对立关系的强调,而主张从自然存在的视角探讨价值问题。自然价值是"存在与价值"的统一,而不是传统意义上的以人为尺度的主体评价。因为生态危机本身是已经存在的事实,技术和社会所导致的人的异化也是既定事实,进化论的丛林原则给自然存在找到了合理性。如果不以存在问题为导向,不对现存的生态问题进行理性思考,我们对价值的认识将是无意义的。最后,我们在思考自然价值时应当以整体性和实践性为导向,将其置于时代的背景下,运用历史唯物主义理论,进而得出绿色发展视野下的自然价值是"人类认知与人类实践的有机统一"的结论。

第三步,通过对自然与人、自然价值与人类价值、自然价值与人类思维、自然价值与人类实践这四重关系的论证,提出自然价值的四重逻辑。第一重逻辑——自然与人的逻辑关系是包含与被包含的关系,而不是付出与索取的关系;因为自然包含人,并且自然产生人类心智。第二重逻辑——自然价值与人类价值之间是辩证关系;二者存在于人的群体性需要与群个体性需要的关系中,是同一整体的不同部分,唇齿相依。第三重逻辑——自然价值对人类思维存在导向作用;人类思维是在环境中不断发展变化的,当下人类思维从主客二分思维走向整体性思维。第四重逻辑——自然价值对人类实践存在指引作用;自然的审美价值指引人类从物质享受转向精神享受,追求与自然融为一体并遵循大自然的智慧。

本书的自然价值论主要构建出自然价值这四重基础逻辑,并将其从以下八个方面进行解释:第一,自然产生了人。客观上自然历史先于人类历史,在生命的历史长河中,人类是短命又短视的动物,而自然是长久存在的;况且,人类心智的开发来自对大自然的思考,对自然内在价值存在的沉思激发出人类心智。第二,人从自然中获得生存基础。自然是生命之流发生的基础,自然内在的有序性形成了一种价值,这种有序性价值与负熵的生命过程出现是一致的。第三,自然存在即有价值。这种价值充斥了人类心智发展的每个视角:自然的有序性和有限性为我们提供了哲学方法论;自然的科学价值启迪人类的思维发现;自然的审美价值启迪人的直觉与灵感;自然的多样性价值启迪人们心智的多样性和广阔性。第四,自然作为存在固有的价值与人类对自然的需要(价值)并行不悖。第五,自然价值赋予人以思考的方向。现代社会有关绿色发展和技术批判的理论对科学主义带来的人类中心主义进行反思,这个反思是认识论上对主客二分的超越;现代社会有关生态危机的反思使得人们重回自然的整体性视野,促使人类在价值选择上最后走向整体论与实践论。第六,思考方向的变化带来了实践的转变。在认识到自然内在价值合理性之后,人们在实践中越来越注重绿色生态的、具有多样性的、有精神内涵的事物,而反对过度索取的行为以及同质化的、让人精神空虚的事物。第七,自然价值赋予人类实践的动力。源自中国大地的生态实践不断被充实为理论,并作为全球生态共治的范例不断反作用于自然界。第八,自然价值不断拓展人类社会的实践活动。在现代社会的城市化实践中,自然的审美价值要求人们注重城市文脉的传承,自然的科学价值要求人们避免追随发达国家农业工业化的脚步,而要留得住乡愁、守得住美景。

参考文献

Beebee H,Mele A. Humean Compatibilism. Oxford University Press,2002.

Gaukroger S. University of Sydney,Francis Bacon and the Transformation of Early-Modern Philosophy. Cambridge University Press,2004.

Goetzmann W H. Beyond the Revolution,A History of American Thought from Paine to Pragmatism. Perseus Books Group,2008.

Hitchcock C. Of Humean Bondage. Oxford University Press,2003.

Matthnews S. University of Minnesota, Theology and Science in the Thought of Francis Bacon. Ashgate Publishing Company,2007.

阿多诺:《否定的辩证法》,张峰译,重庆出版社,1993年。

阿尔弗雷德·施密特:《马克思的自然概念》,欧力同译,商务印书馆, 1988年。

艾伦·杜宁:《多少算够——消费社会与地球的未来》,毕聿译,吉林人民出版社,1992年。

巴里·康芒纳:《封闭的循环——自然、人和技术》,侯文蕙译,吉林人民出版社,1997年。

包庆德、夏承伯:《国家公园:自然生态资本保育的制度保障——重读约翰缪尔的〈我们的国家公园〉》,《自然辩证法研究》2012年第6期。

保罗·利科:《哲学主要趋向》,商务印书馆,2004年。

比尔·麦克基本:《自然的终结》,吉林人民出版社,2000年。

彼得·休伯:《硬绿:从环境主义者手中拯救环境·保守主义宣言》,上海译文出版社,2002年。

布雷恩·威廉·克拉普:《工业革命以来的英国环境史》,王黎译,中国环境科学出版社,2011年。

曹孟勤:《超越人类中心主义和非人类中心主义》,《学术月刊》2003年第6期。

曹山河:《论自然价值规律》,《求索》1994年第6期。

陈昌曙:《技术哲学引论》,科学出版社,2012年。

陈院:《英国自然保护运动探究(1870—1914年)》,西南大学硕士学位论文,2013年。

陈章龙、周莉:《价值观研究》,南京师范大学出版社,2004年。

大卫·休谟:《人类理智研究》,周晓亮译,中国法制出版社,2011年。

丹尼尔·贝尔:《后工业社会的来临——对社会预测的一项探索》,高锋译,科学普及出版社,1997年。

丹尼尔·贝尔:《资本主义文化矛盾》,赵一凡等译,生活·读书·新知三联书店,1989年。

丹皮尔:《科学史及其与哲学和宗教的关系》,李珩译,商务印书馆,1975年。

德内拉·梅多斯、乔根·兰德斯、丹尼斯·梅多斯:《增长的极限》,机械工业出版社,2013年。

丁立群:《人类中心论与生态危机的实质》,《哲学研究》1997年第11期。

丁立群:《实践哲学:传统与超越》,北京师范大学出版社,2011年。

杜威:《经验与自然》,傅统先译,江苏教育出版社,2005年。

杜威:《哲学的改造》,许崇清译,商务印书馆,1989年。

丰子义:《走向现实的社会历史哲学——马克思社会历史理论的当代价值》,武汉大学出版社,2010年。

弗莱德・R. 多迈尔:《主体性的黄昏》,万俊人译,广西师范大学出版社, 2013 年。

弗兰克・梯利:《西方哲学史》,贾辰阳、解本远译,光明日报出版社, 2013 年。

弗朗西斯・培根:《新大西岛》,何新译,商务印书馆,2012 年。

哈贝马斯:《作为"意识形态"的技术与科学》,李黎、郭官义译,学林出版社, 1999 年。

海德格尔:《海德格尔选集》,孙周兴选编,上海三联书店,1996 年。

海德格尔:《面向思的事情》,陈小文、孙周兴译,商务印书馆,1998 年。

郝栋:《绿色发展道路的哲学探析》,中共中央党校博士学位论文,2012 年。

赫伯特・马尔库塞:《单向度的人:发达工业社会意识形态研究》,刘继译,上 海译文出版社,2008 年。

赫胥黎:《进化论与伦理学》,《进化论与伦理学》翻译组译,科学出版社, 1971 年。

黑格尔:《自然哲学》,梁志学等译,商务印书馆,1986 年。

胡塞尔:《欧洲科学的危机与超越论的现象学》,王炳文译,中国人民大学出 版社,2010 年。

怀特海:《思维方式》,刘放桐译,商务印书馆,2013 年。

郇庆治:《自然价值诠释:环境伦理学的理论基础》,《齐鲁学刊》1996 年第 3 期。

霍布豪斯:《自由主义》,朱曾汶译,商务印书馆,1996 年。

霍尔姆斯・罗尔斯顿:《哲学走向荒野》,刘耳、叶平译,吉林人民出版社, 1986 年。

卡尔・雅斯贝斯:《时代的精神状况》,王德峰译,上海译文出版社,1951 年。

卡尔-奥托・阿佩尔:《哲学的改造》,孙周兴、陆兴华译,上海译文出版社, 1992 年。

卡洛琳・麦茜特:《自然之死——妇女、生态和科学革命》,吴国盛等译,吉林人民出版社,1999年。

蕾切尔·卡森:《寂静的春天》,吕瑞兰、李长生译,上海译文出版社,
　2011年。

李德顺:《价值论——一种主体性的研究》,中国人民大学出版社,1987年。

李建珊:《价值的泛化与自然价值的提升——对罗尔斯顿自然价值论的辨
　析》,《自然辩证法通讯》2003年第6期。

李佐军:《人本发展理论:解释经济社会发展的新思路》,中国发展出版社,
　2008年。

林红梅:《生态伦理学概论》,中央编译出版社,2008年。

刘福森:《自然中心主义生态伦理观的理论困境》,《中国社会科学》1997年
　第3期。

刘海龙:《天人合一思想的继承与重构——生态伦理的视角》,《前沿》2010
　年第5期。

刘湘溶:《论自然的价值》,《求索》1990年第4期。

刘易斯·芒福德:《技术与文明》,陈允明等译,中国建筑工业出版社,
　2009年。

罗伯特·艾尔斯:《转折点:增长范式的终结》,戴星翼等译,上海译文出版
　社,1998年。

罗德里克·纳什:《大自然的权利:环境伦理学史》,杨通进译,青岛出版社,
　1999年。

罗尔斯:《正义论》,何怀宏等译,中国社会科学出版社,1988年。

吕世荣:《马克思自然观的当代价值》,《河南大学学报(社会科学版)》2004
　年第2期。

马克思、恩格斯:《马克思恩格斯文集》(第1卷),人民出版社,2009年。

马克思·韦伯:《新教伦理与资本主义精神》,马奇炎、陈婧译,北京大学出版
　社,2012年。

钱兆华:《评拉兹洛系统哲学的价值论思想》,《辽宁大学学报》1997年第

2 期。

乔治·爱德华·摩尔:《伦理学原理》,长河译,上海人民出版社,2005 年。

让·拉特利尔:《科学和技术对文化的挑战》,吕乃基等译,商务印书馆,
　　1997 年。

任俊华、刘晓华:《环境伦理的文化阐释——中国古代生态智慧探考》,湖南
　　师范大学出版社,2002 年。

陶源:《价值主体性视域中的社会主义核心价值观及践行路径研究》,东华大
　　学硕士学位论文,2014 年。

托马斯·莫尔:《乌托邦》,戴镏龄译,商务印书馆,1996 年。

王刚:《休谟问题研究述评》,《自然辩证法研究》2008 年第 3 期。

王晓华:《后现代是现代的一部分吗?》,《深圳大学学报(人文社会科学版)》
　　2002 年第 5 期。

王玉樑:《价值哲学新探》,陕西人民出版社,1993 年。

威廉·莱斯:《自然的控制》,岳长龄、李建华译,重庆出版社,2007 年。

威廉·莱斯:《自然的控制》,岳长龄译,重庆出版社,1993 年。

休谟:《人性论》,关文运译,商务印书馆,1980 年。

薛勇民:《环境伦理学的后现代诠释》,山西大学博士学位论文,2004 年。

炎冰:《心身二元与科学之科学——笛卡尔科学哲学思想再探》,《扬州大学
　　学报(人文社会科学版)》2008 年第 12 期。

叶平:《非人类中心主义的生态伦理》,《国外社会科学》1995 年第 2 期。

叶平:《基于生态伦理的环境科学理论和实践观念》,哈尔滨工业大学出版
　　社,2014 年。

叶平:《生态伦理学》,东北林业大学出版社,1994 年。

余谋昌:《环境哲学:生态文明的理论基础》,中国环境科学出版社,2010 年。

余谋昌:《自然价值的进化》,《南京林业大学学报(人文社会科学版)》2002
　　年第 9 期。

袁鼎生:《生态艺术哲学》,商务印书馆,2007 年。

约翰·凡·安德里亚:《基督城》,黄宗汉译,商务印书馆,1991 年。

约翰·密尔:《论自由》,程崇华译,商务印书馆,1982 年。

约翰·斯图亚特·穆勒:《功利主义》,叶建新译,九州出版社,2006 年。

曾建平:《自然之思》,湖南师范大学博士学位论文,2002 年。

詹姆斯·拉伍洛克:《盖娅:地球生命的新视野》,肖显静、范祥东译,上海人
　　民出版社,2007 年。

张天晓:《自然价值的重估与诗意的栖居——罗尔斯顿环境伦理思想研究》,
　　湖南师范大学博士学位论文,2007 年。

张晓媚:《卫星城还是社会城市——对霍华德田园城市思想的误读》,《城市》
　　2016 年第 2 期。

章建刚:《环境伦理学中一种"人类中心主义"的观点》,《哲学研究》1997 年
　　第 1 期。

赵闯、秦龙:《西方自然价值观念的历史流变与时代挑战》,《烟台大学学报
　　(哲学社会科学版)》2014 年第 3 期。

赵建军:《绿色化是生态文明建设重要标志》,《新重庆》2015 年第 7 期。

赵建军:《追问技术悲观主义》,东北大学出版社,2002 年。

赵玲、王现伟:《关于自然内在价值的现象学思考与批判》,《社会科学战线》
　　2012 年第 11 期。

郑慧子:《环境伦理与"自然主义谬误"问题》,《河南大学学报(社会科学版)》
　　2009 年第 6 期。

朱葆伟、赵建军、高亮华:《技术的哲学追问》,中国社会科学出版社,
　　2012 年。

朱楠:《自然内在价值理论的两个争论及其现实意义》,《辽宁行政学院学报》
　　2007 年第 4 期。